# 林木采伐作业控制系统数字仿真

郑一力 主 编

刘卫平 吴 健 刘圣波 副主编

电子工业出版社

Publishing House of Electronics Industry
北京·BEIJING

## 内 容 简 介

林木联合采育机是一种高性能现代林业装备,可在人工干预下完成采伐、打枝、去皮、造材等林木采伐连续作业。本书结合数字仿真技术,系统介绍林木联合采育机的控制系统仿真方法、数字虚拟驾驶仿真系统和人工林抚育采伐作业及造材控制虚拟仿真实验。首先,简述林木联合采育机的控制技术和数字虚拟仿真研究现状,介绍采伐作业目标激光测量、采伐机械臂运动学分析、路径规划与控制和采伐作业虚拟仿真系统;其次,介绍采伐虚拟驾驶仿真系统的整体架构、仿真场景构建、视景系统和仿真实验测试;最后,介绍人工林抚育采伐作业及造材控制虚拟仿真实验,此实验为国家级虚拟仿真实验教学项目和国家级一流本科课程。

本书每章配有习题,可作为林业电气化与自动化、森林工程、控制工程、电气工程及其自动化等专业农林高等学校的研究生和本科生"控制系统数字仿真"和"电气系统仿真"课程的教材和参考资料,也可供其他相关专业的科技人员和研究生参考。

未经许可,不得以任何方式复制或抄袭本书之部分或全部内容。
版权所有,侵权必究。

**图书在版编目(CIP)数据**

林木采伐作业控制系统数字仿真 / 郑一力主编. —北京:电子工业出版社,2021.12
ISBN 978-7-121-42484-7

Ⅰ. ①林… Ⅱ. ①郑… Ⅲ. ①伐木-电气化-控制系统-数字仿真-高等学校-教材
Ⅳ. ①S782.13

中国版本图书馆 CIP 数据核字(2021)第 241779 号

责任编辑:赵玉山　　特约编辑:田学清
印　　刷:北京天宇星印刷厂
装　　订:北京天宇星印刷厂
出版发行:电子工业出版社
　　　　　北京市海淀区万寿路 173 信箱　邮编 100036
开　　本:720×1 000　1/16　印张:9.75　字数:187 千字
版　　次:2021 年 12 月第 1 版
印　　次:2021 年 12 月第 1 次印刷
定　　价:39.00 元

凡所购买电子工业出版社图书有缺损问题,请向购买书店调换。若书店售缺,请与本社发行部联系,联系及邮购电话:(010)88254888,88258888。
质量投诉请发邮件至 zlts@phei.com.cn,盗版侵权举报请发邮件至 dbqq@phei.com.cn。
本书咨询联系方式:(010)88254556,zhaoys@phei.com.cn。

# 本研究得到以下课题资助

（1）北京林业大学科研反哺人才培养研究生课程教学改革项目："控制系统数字仿真"（编号：JCCB18002）。

（2）国家自然科学基金项目："无人集材作业车辆的路径规划与轨迹跟踪控制方法研究"（编号：31670719）。

（3）国家自然科学基金项目："基于林木联合采育机的时间—能量综合最优轨迹规划与控制方法研究"（编号：31300596）。

（4）中国博士后科学基金特别资助项目："林木联合采育机作业轨迹跟踪控制方法研究"（编号：2014T70040）。

（5）中国博士后科学基金面上资助项目："面向联合采伐作业的立木三维激光测量方法"（编号：2011M500009）。

（6）高等学校博士学科点专项科研基金项目："基于激光导引的林木联合采育机作业轨迹规划与控制方法研究"（编号：20120014120015）。

# 前　言

林木联合采育机是一种高性能的现代林业装备，可在人工干预下完成采伐、打枝、去皮、造材等采伐连续作业。联合采育机的打枝、去皮、造材等控制环节可快速完成，但将伐木头对准和捕获立木的环节需要操作员做出大量的观测判断和反复对准，造成单位采伐周期内的无功时间加长；同时液压采伐机械臂的往复对准运动和液压缸不合理动作轨迹，造成了系统的燃料损耗，增加了作业成本。为实现林木联合采育机的自主采伐控制，需要将数字化仿真技术应用到林木联合采育机设计中，在虚拟仿真实验环境中，开展控制算法理论验证、设计优化和应用的实验工作。

林木联合采育机驾驶员在上岗之前必须经过专业的培训，培训合格之后才能进行采伐驾驶作业。传统的采伐驾驶培训存在费用高昂、周期较长、受到天气与场地的制约等问题。为此，需要将数字化仿真技术应用到林木联合采育机驾驶员培训中，研发虚拟驾驶仿真系统，提高林木联合采育机驾驶员的培训效率，缩短驾驶员培训周期。

本书共 11 章，从林木联合采育机的控制系统仿真（第 1 章至第 5 章）、采伐虚拟驾驶仿真（第 6 章至第 10 章）和人工林抚育采伐作业及造材控制虚拟仿真实验（第 11 章）开展讨论，且每章配有习题，内容如下。

第 1 章，绪论。简述林木联合采育机的控制技术和数字虚拟仿真的研究现状，根据国内外研究现状，提出林木采伐作业控制系统数字仿真的必要性和紧迫性。

第 2 章，采伐作业目标激光测量。将激光测量技术及多传感器信息融合处理方法引入到林木联合采伐控制目标识别中。激光测量技术具有精度高、受环境影响小、速度快、测量范围大等优势。通过在林木采伐联合机上安装二维激光扫描装置，以非接触测量的方式获取多株立木的点云数据。通过对点云数据的投影、聚类、滤波、线性化变换和拟合，自动准确提取采伐目标的胸径、伐木头相对目标立木的三维坐标和方位角、多棵立木间距等参数，为辅助操作员操控伐木头快速地识别、对准和捕获目标立木提供测量数据。

第 3 章，采伐作业运动学分析。建立了多自由度的液压驱动采伐机械臂的正运动学和逆运动学模型，获得了伐木头位姿变量、各关节变量与各液压缸之间的变换关系，为采伐机械臂作业的轨迹规划和协调控制策略研究奠定理论基础。

第 4 章，采伐作业路径规划与控制仿真。在采伐目标立木激光测量的基础上，以高效自主和低耗经济的人工林采伐作业为目的，开展了多自由度液压驱动采伐机械臂的作业轨迹规划的研究，使伐木头沿给定的直线路径、圆弧路径及基于激光测量数据自主完成立木的采伐作业。

第5章，采伐作业虚拟仿真系统。基于Visual C++平台和Open Scene Graph三维图形引擎开发了林木联合采育机采伐作业虚拟仿真系统，该虚拟仿真系统包含林木联合采育机多自由度液压采伐机械臂的数学模型，可输入控制参数和指令，并实时显示和保存运动信息，使用该虚拟仿真系统验证了液压采伐机械臂的轨迹规划与控制策略。

第6章，采伐虚拟驾驶仿真系统架构。分析了林木联合采育机虚拟驾驶仿真系统的功能需求，对系统的总体框架进行了介绍，将系统组成分为软件部分和硬件部分。阐述了系统的硬件组成和选型，介绍了构建仿真系统Unity3D软件的特点。

第7章，采伐虚拟驾驶仿真场景构建。分析了整个采伐虚拟驾驶仿真场景的构建要求，阐述了场景模型建立的一般过程，具体介绍了林木联合采育机、树木模型和地形地貌模型等仿真建模过程，最后利用Unity3D将场景模型的所有要素集成构建了整个采伐虚拟驾驶场景。

第8章，采伐虚拟驾驶仿真视景系统。探讨了视景系统的具体实现，包括林木联合采育机的基本运动、采伐机械臂运动仿真、虚拟采伐作业系统和视觉系统。针对采伐机械臂运动仿真，在合理划分采伐机械臂各有关部件的父子层次关系的基础上，通过分析采伐机械臂运动原理，建立相应的数学模型，实现采伐机械臂的运动仿真；针对虚拟采伐作业，提出了树木模型的虚拟切割算法。

第9章，采伐虚拟驾驶仿真硬件系统。介绍了硬件设备与视景系统的通信方式及具体实现，介绍了利用Unity3D自带的Input接口采集方向盘、脚踏板、挡位杆操作数据的实现过程，阐述了CAN总线的有关概念及特点，利用CAN总线实现控制手柄与视景系统通信过程，介绍了利用动态链接库实现六自由度运动平台与视景系统通信。

第10章，采伐虚拟驾驶仿真实验。首先对树木模型虚拟切割算法进行了仿真实验，将采伐虚拟驾驶仿真的硬件系统、采伐虚拟驾驶仿真场景和视景系统结合，进行了采伐虚拟驾驶的整体仿真实验。

第11章，人工林抚育采伐作业及造材控制虚拟仿真实验。以国家级虚拟仿真实验教学项目和国家级一流本科课程为例，以数字虚拟仿真的方式展示现代林业抚育采伐工程全机械化过程，包括使用林木联合采育机实现"采伐—造材"一体化的新模式。实验内容包含林区作业基本知识、抚育采伐工艺、采伐机定长造材、PID参数整定四部分。

本书是在北京林业大学科研反哺人才培养研究生课程教学改革项目（编号：JCCB18002）、国家自然科学基金项目（编号：31300596和31670719）、中国博士后科学基金面上资助项目（编号：2011M500009）、中国博士后科学基金特别资助项目（编号：2014T70040）、高等学校博士学科点专项科研基金项目（编号：

20120014120015）的资助下开展工作。采伐作业控制系统数字仿真是进一步提升林木联合采育机自动化程度和降低作业成本的有效途径，是人工林采育装备研究的新技术与新方法，可为正在实施的国产林木联合采育机的批量制造和推向市场奠定理论和技术基础。

本书由北京林业大学郑一力担任主编，刘卫平、吴健和刘圣波担任副主编。本书在编写过程中，得到了刘晋浩教授、黄青青博士、博士研究生雷冠南和硕士研究生程伯文、葛桃桃、田真等的大力支持，他们极具价值的工作才使得本书能及时完成。

由于作者水平有限，本书难免有不足之处，请读者谅解并指正。

# 目 录

第1章 绪论 …………………………………………………………………… (1)
  1.1 林木联合采育机概况 ………………………………………………… (1)
  1.2 林木联合采育机控制技术研究现状 ………………………………… (3)
  1.3 林木联合采育机数字仿真研究现状 ………………………………… (7)
  1.4 本书结构 ……………………………………………………………… (11)
  1.5 习题 …………………………………………………………………… (12)

第2章 采伐作业目标激光测量 ……………………………………………… (13)
  2.1 引言 …………………………………………………………………… (13)
  2.2 硬件构成 ……………………………………………………………… (13)
  2.3 数据处理流程 ………………………………………………………… (14)
    2.3.1 实验环境 ……………………………………………………… (14)
    2.3.2 数据平面投影 ………………………………………………… (15)
    2.3.3 数据聚类与滤波 ……………………………………………… (15)
    2.3.4 获取立木参数 ………………………………………………… (16)
    2.3.5 Fletcher-Reeves 共轭梯度算法流程 ………………………… (18)
  2.4 实验结果 ……………………………………………………………… (18)
  2.5 本章小结 ……………………………………………………………… (20)
  2.6 习题 …………………………………………………………………… (21)

第3章 采伐作业运动学分析 ………………………………………………… (22)
  3.1 引言 …………………………………………………………………… (22)
  3.2 采伐机械臂 DH 建模参数 …………………………………………… (22)
  3.3 采伐机械臂运动学正解 ……………………………………………… (23)
  3.4 采伐机械臂雅可比矩阵求解 ………………………………………… (24)
  3.5 采伐机械臂运动学逆解 ……………………………………………… (25)
  3.6 采伐机械臂关节变量与液压驱动变量间的转换 …………………… (26)
  3.7 本章小结 ……………………………………………………………… (28)
  3.8 习题 …………………………………………………………………… (28)

第4章 采伐作业路径规划与控制仿真 ……………………………………… (29)
  4.1 引言 …………………………………………………………………… (29)

4.2　直线规划 (29)
　　　4.2.1　速度规划 (29)
　　　4.2.2　角速度规划 (32)
　4.3　圆弧规划 (34)
　4.4　自主路径规划与控制 (36)
　4.5　本章小结 (39)
　4.6　习题 (39)
第5章　采伐作业虚拟仿真系统 (40)
　5.1　引言 (40)
　5.2　OSG概述 (40)
　　　5.2.1　OSG体系结构 (40)
　　　5.2.2　场景图形与内存管理 (41)
　5.3　构建基于OSG的MFC单文档应用程序框架 (42)
　　　5.3.1　MFC及其应用 (42)
　　　5.3.2　OSG与MFC结合 (43)
　5.4　OSG模型构建 (44)
　5.5　采伐作业虚拟仿真软件架构 (45)
　5.6　虚拟仿真软件构成 (46)
　5.7　虚拟仿真实验测试 (52)
　5.8　本章小结 (56)
　5.9　习题 (56)
第6章　采伐虚拟驾驶仿真系统架构 (57)
　6.1　系统功能需求分析 (57)
　　　6.1.1　物理模拟 (57)
　　　6.1.2　驾驶培训场景及功能模拟 (57)
　　　6.1.3　交互控制功能 (58)
　　　6.1.4　软件人机界面 (58)
　6.2　系统架构 (59)
　　　6.2.1　软硬件整体架构 (59)
　　　6.2.2　硬件选型 (59)
　　　6.2.3　软件选型 (60)
　6.3　本章小结 (63)
　6.4　习题 (63)

## 第7章 采伐虚拟驾驶仿真场景构建 (64)
- 7.1 引言 (64)
- 7.2 采伐虚拟驾驶仿真场景分析 (64)
- 7.3 虚拟场景模型建立过程 (66)
- 7.4 模型建立 (67)
  - 7.4.1 林木联合采育机模型建立 (67)
  - 7.4.2 树木模型建立 (68)
  - 7.4.3 地形地貌模型建立 (69)
  - 7.4.4 天空盒制作 (73)
- 7.5 虚拟场景集成 (74)
- 7.6 本章小结 (75)
- 7.7 习题 (75)

## 第8章 采伐虚拟驾驶仿真视景系统 (76)
- 8.1 引言 (76)
- 8.2 碰撞检测 (76)
- 8.3 基本运动实现 (78)
  - 8.3.1 采伐头运动实现 (78)
  - 8.3.2 车体旋转运动实现 (79)
  - 8.3.3 履带运动实现 (81)
- 8.4 采伐机械臂运动仿真 (81)
  - 8.4.1 采伐机械臂层次关系分析 (81)
  - 8.4.2 采伐机械臂运动仿真实现 (82)
- 8.5 树木模型虚拟切割 (84)
- 8.6 视景系统控制 (87)
  - 8.6.1 多视角切换模块 (87)
  - 8.6.2 跟随相机模块 (88)
- 8.7 本章小结 (89)
- 8.8 习题 (89)

## 第9章 采伐虚拟驾驶仿真硬件系统 (90)
- 9.1 引言 (90)
- 9.2 硬件系统通信 (90)
- 9.3 控制手柄与视景系统的通信 (92)
  - 9.3.1 CAN总线 (92)

·XI·

  9.3.2 操作手柄信号测试 …………………………………………………… (94)
  9.3.3 操作手柄数据采集 …………………………………………………… (95)
 9.4 六自由度运动平台与视景系统的通信 ………………………………………… (97)
 9.5 本章小结 ………………………………………………………………………… (98)
 9.6 习题 ……………………………………………………………………………… (98)

## 第10章 采伐虚拟驾驶仿真实验 …………………………………………………… (99)
 10.1 实验环境 ………………………………………………………………………… (99)
 10.2 树木模型虚拟切割实验 ………………………………………………………… (99)
 10.3 系统整体实验 …………………………………………………………………… (100)
 10.4 本章小结 ………………………………………………………………………… (104)
 10.5 习题 ……………………………………………………………………………… (104)

## 第11章 人工林抚育采伐作业及造材控制虚拟仿真实验 ………………………… (105)
 11.1 实验基本介绍 …………………………………………………………………… (105)
  11.1.1 基本情况 ……………………………………………………………… (105)
  11.1.2 考核要求 ……………………………………………………………… (106)
 11.2 实验原理 ………………………………………………………………………… (107)
  11.2.1 林区作业基本知识 …………………………………………………… (108)
  11.2.2 抚育采伐工艺 ………………………………………………………… (108)
  11.2.3 采伐机定长造材 ……………………………………………………… (109)
  11.2.4 PID 参数整定 ………………………………………………………… (109)
  11.2.5 对应知识点 …………………………………………………………… (111)
 11.3 抚育采伐作业实验 ……………………………………………………………… (112)
  11.3.1 装备参数 ……………………………………………………………… (112)
  11.3.2 实验过程 ……………………………………………………………… (115)
 11.4 造材 PID 控制实验 ……………………………………………………………… (124)
  11.4.1 实验参数 ……………………………………………………………… (124)
  11.4.2 实验过程 ……………………………………………………………… (125)
 11.5 本章小结 ………………………………………………………………………… (134)
 11.6 习题 ……………………………………………………………………………… (135)

**参考文献** ……………………………………………………………………………………… (136)

# 第1章 绪　　论

## 1.1　林木联合采育机概况

林木联合采育机（也称伐木归堆机、采育机、伐区联合机、伐区作业联合机、采育机器人）是一种高性能的现代林业机械，是集采伐、打枝、造材、集材等于一体的机械。人工林地作业中，林木联合采育机显示出无法比拟的先进性，对林木和林地损伤小，并为采伐工人提供了安全、舒适的工作环境，大大提高了劳动生产率、木材生产的安全性和木材利用率，从而实现森林资源循环化可持续发展，更好地促进生态环境和谐发展。

我国拥有丰富的林业资源，"十三五"以来，我国完成国土绿化面积6.89亿亩，完成森林抚育6.38亿亩。全国森林覆盖率达到23.04%，森林蓄积量超过175亿立方米，人工林面积总量在世界排名第一。我国现有大面积桉树、杨树等人工速生丰产林的抚育、采伐等作业亟需实现机械化和自动化。由于具有较高的作业效率，林木联合采育机将显现出巨大的市场发展潜力。

为了满足我国现代林业产业快速发展的需要，北京林业大学成功研发了多功能林木联合采育机，如图1-1和图1-2所示，它集成了伐木、打枝、造材、归装、抚育作业装置，能够在人工操作下按照预先设定的程序完成人工林抚育、采伐的全部作业过程。林木联合采育机完成100棵树木的采伐作业所花费的时间合计不到一个小时，一台林木联合采育机一天采伐树木的数量相当于200多个工人一天采用油锯砍伐的数量，其更能够适应在恶劣的林业环境下作业，采伐成本是人工采伐方式的三分之一，有效地减少了企业的采伐成本。通过采用机械化的采伐作业方式，大大减少了采伐作业过程中人为操作造成的木材的损耗，提升了林业生产效率。林木联合采育机可以根据企业的需要设定造材标准，有效地确保了木材的质量，大幅度提高了出材率，社会效益和经济效益也得到了显著提升，全程机械化采伐作业方式在林业生产中将成为主流。

图 1-1　北京林业大学研制的林木联合采育机进行采伐作业

图 1-2　北京林业大学研制的林木联合采育机进行造材作业

　　在人工林场的采伐测试过程中发现：在单位采伐作业周期内（见图 1-3），林木联合采育机的打枝、去皮、造材等环节可快速完成，但将伐木头对准和捕获目标立木进行采伐的环节（见图 1-3 虚线框内），由于视线被挡，以及车底底盘和采伐机械臂的振动，需要操作员做出大量的观测判断和反复手动对准，甚至需要下车进行指挥操作，消耗时间占单位采伐周期的 2/3 以上，增加了单位采伐周期内的无功时间，降低了作业效率；同时采伐机械臂往复对准目标的过程和液压缸不合理动作，也造成了系统的燃料损耗，提高了采伐成本。

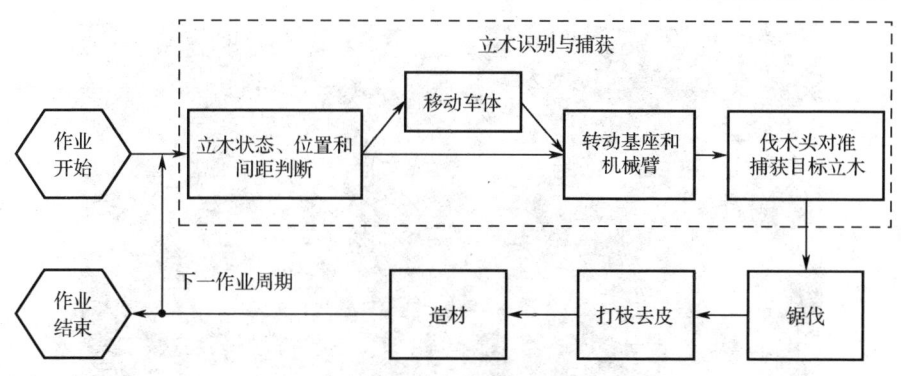

图 1-3　林木联合采育机的采伐作业流程

林木联合采育机对驾驶员的操作技能要求较高，采伐作业效率与驾驶员的能力直接相关。林区作业环境多样，大型机械有一定的操作危险性，因此林木联合采育机操作人员正式上岗前的操作培训对安全生产尤为重要。在林业机械化初期，林业机械驾驶员主要使用林场中的真实机器进行实践训练。与此同时，林业机械的功能变得越来越复杂，从单一任务机器（如伐木归堆机、集材机和伐木机）逐渐演变为多任务机械，林木联合采育机的新驾驶员需要 4~6 个月的操作才能达到较高采伐效率（每小时约 80 棵），需要两年达到最高采伐效率（每小时约 100 棵）。同时，培养一个合格的林木联合采育机驾驶员大约需要 20 万欧元，一般的企业很难负担这样大的时间和经济成本。基于传统训练方法的不足，许多企业和科研人员将虚拟仿真技术引入到林木联合采育机驾驶员培训中，通过计算机图形学、计算机仿真和信息处理等技术来模拟真实林场环境和采伐作业行为，让驾驶员感觉像在真实林场环境中完成相关初期和定期训练，使驾驶操作水平得到强化。

## 1.2　林木联合采育机控制技术研究现状

美国农林机械生产商 John Deere 公司在研制的林木联合采育机上装备了 TimberMatic 整机测量和程控系统，如图 1-4 和图 1-5 所示。该系统自动控制柴油机、液压传动系统和液压采伐机械臂的动作，从而能保证平稳地传递动力，同时该系统提供的自动造材指令可控制采伐机械臂自主规划完成整个作业流程，大大减轻操作人员劳动负担，能准确可靠地测量原木长度和直径，自动进行分类和测定产量。

图 1-4  John Deere 公司研制的 1270D 型林木联合采育机

图 1-5  John Deere 公司研制的 TimberMatic 整机测量和程控系统

芬兰的 Ponsse 公司在林木联合采育机上配备了 OptiControl 系统可记录树木的高度、胸径等精确测量数据，以及车辆的燃油消耗和时间等参数，可以帮助操作人员将树干切割到合适的尺寸，以提高生产率和树木的出材率，如图 1-6 和图 1-7 所示。林木联合采育机安装有 GPS 系统，结合电子林图实现最优采伐路径的规划、车辆定位和记录采伐面积。Ponsse 公司研发的目标是在林木联合采育机上配有完整的测量和控制系统，操作人员在远处按一下遥控按钮就可以实现采伐机械臂和伐木头的自主轨迹规划，进而实现全自动采伐。加拿大的 Tigercat 公司和瑞典的 Komatsu 公司也研发了林木联合采育机及相应的智能控制系统。

图 1-6 Ponsse 公司研制的 Ergo 型林木联合采育机

图 1-7 Ponsse 公司研制的 OptiControl 系统

瑞典于默尔大学机器人与控制实验室的 P. La Hera、U. Mettin 等针对液压驱动的多自由度林木集材机械手的轨迹规划与控制问题，综合考虑了机械臂的动作时间、关节速度和最大角度、动力学等约束，进行了机械臂的三维路径规划，提出了时间分解的运动控制算法，并进行了关节摩擦、液压振动等控制补偿。在虚拟样机和实体样机上进行了实验验证工作，实现了集材机械手抓取原木的自主规划和控制，如图 1-8 和图 1-9 所示。

图 1-8　瑞典于默尔大学的集材机械臂

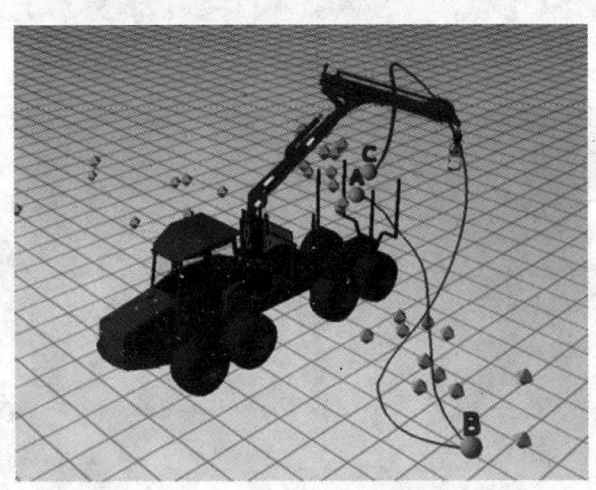

图 1-9　瑞典于默尔大学的集材车仿真系统

国内以东北林业大学和北京林业大学为主,对联合采育机的底盘结构、采伐机械臂设计、液压系统和控制方法等开展了大量的研究工作,研制成功了国内第一台多功能林木联合采育机。其中,东北林业大学郭秀丽进行了联合采育机采伐机械臂的运动轨迹规划研究。在给定末端的位置点和运动速度时,通过运动学逆解和雅克比矩阵求得各关节的转角、角速度和角加速度。同时利用基于模糊自适应卡尔曼滤波的径向基函数神经网络控制采伐机械臂的运动,并设计了控制系统验证了控制和规划算法。北京林业大学的魏占国、沈嵘枫对林木联合采育机的底盘结构设计与稳定性、执行机构结构设计与分析、液压传动和控制系统设计等关键技术开展了研究工作。

综上所述，林木联合采育机正在向实现自动化、智能化方向发展。林木联合采育机可通过控制系统自动完成现场作业，驾驶员可以利用视觉及测量系统数字化监控整个采伐过程，并通过建立信息库完成相关采伐数据的收集与管理，未来的趋势将会向着无人化和遥控操作化的方向发展。

## 1.3 林木联合采育机数字仿真研究现状

加拿大、瑞典和芬兰等林业大国，林场经营企业以原木作业为主，并辅助采用原条方式及全树利用方式。林业采伐机械化在 20 世纪 50 年代末期开始实现，主要目的是实现机器自动化作业方式替代人工作业，提高生产效率（王丹，2006）。目前，林业机械已经在林业生产中广泛使用，自动化和智能化程度逐步提高。各国家已相继开展林木联合采育机控制和驾驶仿真系统的研究，并取得了较大进展。

美国 John Deere 公司开发了多款驾驶仿真系统，涵盖多种农业机械、林业机械和工业机械，还推出了一款通用运动平台，可适用各种模拟机，产生颠簸的效果可让驾驶员沉浸在虚拟作业环境中。该公司的采伐驾驶仿真系统采用精确的真实机器建模，具备多功能易扩展的特点（见图 1-10），能够分别在伐木机和集材机中应用。该仿真系统与真实采伐机有完全相同的控制键盘、座椅，以及 TimberMatic 控制系统和 FlexController 控制模块。采伐操作由 TimberMatic 控制系统控制，可以根据每个驾驶学员和不同机器进行参数调整。在训练开始时，驾驶学员使用个人 ID 登录系统，选择希望使用的林业机械，之后按照与使用真实采伐机相同的方式进行采伐操作。该仿真系统还可以对所有驾驶学员形成实时反馈报告，显示训练所花费的时间、生产的木材数量及关于驾驶准确性的关键统计数据。TimberLink 程序可快速了解机器的性能，Simulog 程序可以绘制每个驾驶学员的学习曲线。

芬兰 Ponsse 公司开发了沉浸感强、动感十足的采伐驾驶仿真系统，如图 1-11 所示。驾驶现代化森林机械时，驾驶员必须具备良好的协调能力和处理计算机系统和技术的能力，Ponsse 公司的采伐驾驶仿真系统提供了一个现代化的培训学习环境，可以让驾驶学员体验到真实机器的所有工作阶段。驾驶学员可以通过 3 个拼接的显示屏，从不同的视角查看观察伐木点作业环境。该采伐驾驶仿真系统带有多功能培训包，从简单的基本任务开始，逐步增加驾驶学员的难度。教练可以修改主题练习或创建全新的主题练习，提升驾驶学员的驾驶技能。

图 1-10　John Deere 公司的采伐驾驶仿真系统

图 1-11　Ponsse 公司的采伐驾驶仿真系统

芬兰的 Mevea 公司致力于提供先进的农林机械仿真方案、模型和仿真软件，主要包括多体动力学与液压系统的实时仿真，先进的机器与环境的交互仿真，真实控制系统的人机界面。Mevea 公司研发了多种特种机械仿真模拟软件和硬件平台，主要涵盖林木机械、采矿机械、起重机和建设机械。Mevea 公司研发的林业机械模拟机版本，包括林木联合采育机和集材机。林业机械研发人员可以使用 Mevea 仿真软件进行机械仿真和测试，如图 1-12 所示，能够精确仿真林业机械的液压装置、机身、变速器及伐木环境等。图 1-13 所示为 Mevea 公司的采伐驾驶仿真系统，驾驶学员可以在安全逼真的虚拟环境中进行培训，通过专门构建的培训任务保证训练效率。

图 1-12　Mevea 公司的采伐作业仿真系统

图 1-13　Mevea 公司的采伐驾驶仿真系统

日本的 Komatsu 公司是全球最大的林业机械制造商之一，为现代林区作业提供装备、服务和备件。为了让驾驶学员更快速、更顺畅和更安全地从教育培训环节过渡到现实世界全面生产当中去，Komatsu 公司研发了林业机械综合仿真器，如图 1-14 所示，主要包括轮式收割机、运输车和履带式机器。林业机械综合仿真器可以用于基本操作员和高级操作员培训。林业机械综合仿真器为驾驶学员提供了接近真实林业工作环境的模拟，适合反复训练特定任务，提供在真实机器中难以实践的场景。同时，教员可以快速有效分析学员数据，提供详细的反馈和建议，确保最佳的培训结果。该仿真器配备了 55 寸 LED 屏幕、头部跟踪器、KCC 手柄、原装座椅、Harvester 和 Forwarder 软件。Harvester 软件在虚拟仿真环境中提供了基础到复杂的采伐培训练习。Forwarder 软件提供了集材作业训练，使驾驶学员沉浸在真实的集材机器行为（声音、液压、摆动等）中，仿真场景与林场作业完全一致。

图 1-14　Komatsu 公司的林业机械综合仿真器

我国在虚拟现实技术方面的研究起步比较晚，但经过科研院校和企业多年的努力，技术正在快速发展和不断积累。当前，针对传统农业机械培训方式的不足，基于虚拟现实技术的机械工程装备训练解决方案发展比较快速，越来越受到社会的认可，目前已经广泛应用于农业机械、林业机械、矿用机械和工业机械等相关领域。

针对农业机械的开发周期过长，开发成本居高不下，设计质量不能得到很好的保证，产品的竞争力与同类产品区分度不明显等问题，基于计算机图形学、计算机仿真和信息处理等技术，中国农业大学将虚拟现实技术应用到稻麦联合收割机模拟试验研究中，其结合物理引擎创建了一个稻麦联合收割机虚拟现实实验系统，该稻麦联合收割机实验系统具有实时、互动和物理性质，并且遵循客观运动规律，给实际的农业机械开发提供了相当大的助力（王菲，2014）。张红彦等研究了虚拟现实技术在工业机械行业中的应用，利用 OpenGL 和 Open Scene Graph 研发了一套液压挖掘机虚拟仿真训练系统，用于培训操作人员和评估重型液压机器的控制策略。该系统采用实时优化适应网格算法生成和更新动态地形网格，实现了挖掘机与地形的动态交互，并通过多屏幕视景的无缝拼接，给操作人员提供了立体感视觉，增强了系统的沉浸感，驾驶学员可以利用该模拟系统完成液压挖掘机的挖掘作业训练（张红彦、于长志等，2013）。姚鹏飞等研究了虚拟现实技术在船舶行业中的应用，利用虚拟现实引擎 Unity3D 设计开发的绞吸式挖泥船的虚拟仿真系统，实现了绞吸式挖泥船信息展示、施工展示和操作训练等功能（姚鹏飞、陈正鸣等，2016）。于天驰针对大功率拖拉机驾驶员培训困难，在实践操作过程中容易出现人为的机械故障等问题，基于虚拟现实引擎 Unity3D 开发了一款大功率拖拉机虚拟驾驶培训系统（于天驰，2016）。刘立等针对铰接式地下矿车的特点，基于开源图形渲染引擎 ORGE 开发了一套铰接式矿车驾驶模拟系统，驾驶员通过真实的方向盘和脚踏板等硬件设备控制矿车的运动，增强了驾驶员的沉浸感（刘立、刘雪等，2013）。哈尔滨工业大学的谢宗武等（谢宗武、孙奎等，2009）和北京邮电大学的史国振（史国振、孙汉旭等，2008）等针对六自由度空间机械手的航天任务验证实验成本过高的问题，在算法和地面系统的论证阶段，利用虚拟仿真的方法研制了空间机器人电联试系统。该系统验证任务包括空间机器人运动学算法、轨迹规划方法、中央控制器计算能力、通信总线能力及可靠性。以上虚拟仿真系统研制的实例为我国今后研究林木联合采育机仿真系统的研制打下基础。国内部分企业已经开始研究新型的林业装备或尝试研制国产现代林业装备虚拟仿真系统，用于驾驶学员的培训。

## 1.4 本书结构

本书共分为 11 章，第 1 章至第 5 章为第一部分，主要介绍林木联合采育机的控制系统仿真。该部分以高效自主和低耗经济的人工林采伐作业为目标，介绍了采伐目标立木激光测量方法，构建了液压采伐机械臂的运动数学模型，开展了采伐机械臂作业轨迹规划和控制策略研究，并构建林木联合采育机的虚拟仿真系统，在虚拟仿真实验环境中，开展理论验证、设计优化和应用的实验工作，实现伐木头对目标立木的低耗快速对准和捕获。

第 6 章至第 10 章为第二部分，主要介绍林木联合采育机的采伐虚拟驾驶仿真系统。该部分采用 Unity3D 研发了一套林木联合采育机虚拟训练系统，将数字虚拟仿真技术应用到林木联合采育机驾驶员培训中，实现了林木联合采育机的虚拟采伐作业。其沉浸感强，交互效果好，可满足林木联合采育机操作人员的训练需求。

第 11 章为第三部分，主要介绍国家级虚拟仿真实验教学项目和国家级一流本科课程"人工林抚育采伐作业及造材控制虚拟仿真实验"。该实验以数字虚拟仿真的方式实现了现代林业抚育采伐工程全机械化过程的仿真教学。

这三部分研究内容是提高林木联合采育机工作效率和降低作业成本的有效途径，可为林木联合采育机在我国人工林推向市场化应用取得系统性的创新理论、方法和技术成果。

## 1.5 习　　题

（1）查阅文献，简述仿真系统在林业装备方向的应用现状，简述林木联合采育机的采伐作业流程。

（2）查阅相关资料并总结北京林业大学研制的林木联合采育机、John Deere 公司研制的 1270D 型林木联合采育机、Ponsse 公司研制的 Ergo 型林木联合采育机的动力参数、机械结构参数。

# 第 2 章　采伐作业目标激光测量

## 2.1　引　　言

激光测量具有精度高、受环境影响小、速度快、测量范围大等优势。本章将三维激光测量技术及多传感器信息融合处理方法引入到林木采伐联合装备中，通过在林木采伐联合机上安装激光扫描装置，以非接触测量的方式，获取单株和多株立木的三维点云数据。通过处理点云数据，自动准确提取采伐目标的胸径、伐木头相对目标立木的三维坐标和方位角、多棵立木间距等参数，为伐木头正确快速地识别、对准和捕获目标立木提供测量数据。

## 2.2　硬件构成

采用的激光测量系统（见图 2-1），主要由德国 SICK 公司的 LMS291 二维激光扫描仪、惯性测量系统 MTi-Gx、24V 供电铅酸电池，以及计算机上的数据处理和人机交互软件构成。

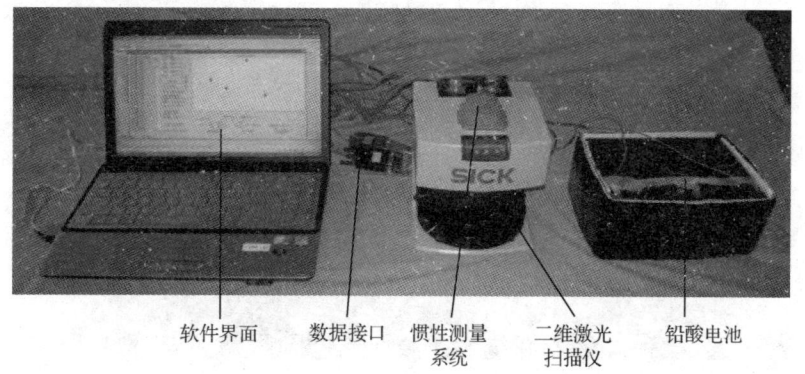

图 2-1　激光测量系统

在对目标立木的激光测量时，二维激光扫描仪 LMS291 的角度分辨率为 0.25°，最大扫描的角度范围为 100°，扫描速度为 10Hz；惯性测量系统 MTi-Gx 安装在激光扫描仪上，主要用来测量扫描面相对于大地的俯仰角 $\alpha$ 和滚动角 $\beta$。二维激光扫描仪 LMS291 和惯性测量系统 MTi-Gx 与计算机分别通过 RS458 总线和 RS232 总线数据接口连接。系统采用 24V 铅酸电池供电。

## 2.3 数据处理流程

激光扫描数据的处理流程如图 2-2 所示,主要分为 5 步:第一步根据扫描面的俯仰角 $\alpha$ 和滚动角 $\beta$,将原始数据投影到水平面;第二步和第三步进行数据的聚类和滤波;第四步通过曲线拟合获取立木的胸径、位置和间距等测量数据;第五步进行数据的显示和保存。

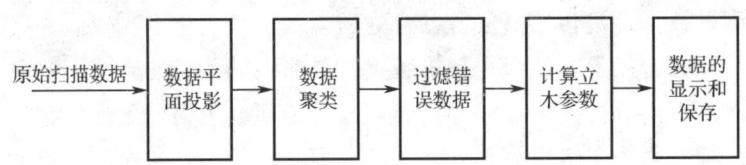

图 2-2  激光扫描数据的处理流程

### 2.3.1 实验环境

使用激光测量系统在林地中开展了实验研究,激光测量系统安装在三脚架上,如图 2-3 所示,扫描方向对准被测立木,扫描平面距离地面约 1.3m,当扫描面中的各激光束遇到立木或其他物体时发生反射,从而获得距离数据,最大测量半径为 8m。

图 2-3  人工林测量试验

在一次扫描结束后,激光扫描仪可在 100°的扫描范围内,每隔 0.25°获得一个原始测量距离 $l_i^{raw}$ ($1 \leqslant i \leqslant 401$)。在图 2-3 所示的试验中,激光扫描面内包含了 8 株立木。

## 2.3.2 数据平面投影

根据惯性测量系统获得的扫描面相对于大地的俯仰角 $\alpha$ 和滚动角 $\beta$，基于式（2-1）可将 $l_i^{raw}$ 投影到水平面上。

$$l_i = l_i^{raw} \times \cos\alpha \times \cos\beta \quad (2\text{-}1)$$

其中，$l_i$ 是各激光束的反射点与激光扫描仪测量零点间的水平距离，在极坐标系中定义点坐标：

$$S_i = (l_i, \theta_i) \quad (2\text{-}2)$$

其中，$\theta_i$ 是扫描面中各激光束的方位角度值，$1 \leq i \leq 401$。数据经过水平投影后，可获得图 2-4 所示的二维扇形点云数据。

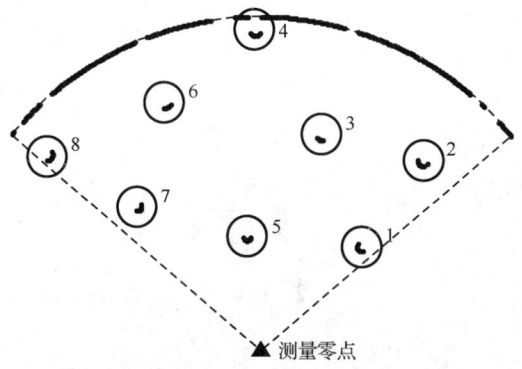

图 2-4 二维扇形点云数据

在图 2-4 中，三角形处是激光扫描仪的测量零点，虚线是最大测量范围。当扫描面中的激光束遇到树干或者其他物体时，会形成点云数据簇，如图 2-4 圆圈中的 8 个数据簇所示。

## 2.3.3 数据聚类与滤波

在图 2-4 中，不同数据簇的测量点间的距离较远，而同一数据簇中测量点间的距离较近。可以用式（2-3）进行点云数据的聚类，以方便提取各个立木参数。

$$\|l_i - l_{i-1}\| = \Delta l > \Delta l_{max} \quad (2\text{-}3)$$

其中，$\Delta l$ 是扫描面中相邻测量点的距离之差，$\Delta l_{max}$ 是同一数据簇中 $\Delta l$ 的最大值。如果 $\Delta l > \Delta l_{max}$，则点 $S_i$ 和点 $S_{i-1}$ 分属为不同的数据簇；如果 $\Delta l < \Delta l_{max}$，则点 $S_i$ 和点 $S_{i-1}$ 为同一数据簇，在本实验中 $\Delta l_{max} = 0.2 m$。

经聚类后的数据簇，在复杂的林中应用时，由于存在激光束发散、杂草、树枝等，点云数据中可能包含一些错误的数据或非立木胸径的数据，可对数据进行滤波，获得如图 2-5 中 8 株立木在胸径测量处的点云数据（采用直角坐标表示）。

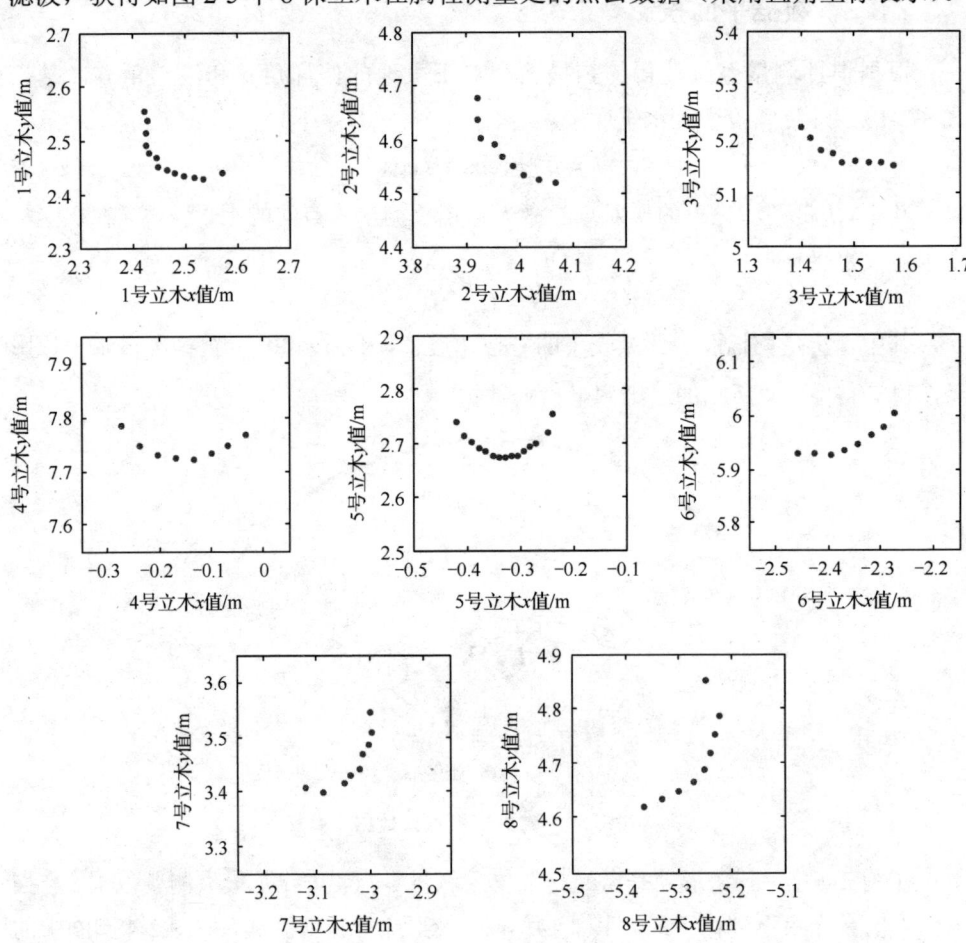

图 2-5 各个立木在胸径处的点云数据

## 2.3.4 获取立木参数

在图 2-5 中，可直接进行非线性拟合以获取立木的轮廓和参数，但算法较复杂。考虑到立木胸径测量处为近似圆形，本节通过参数变换，将非线性拟合改为线性拟合，以简化立木参数的计算。

定义 $P_i = (p_i^x, p_i^y)$ $(i = 1, 2, \cdots, m)$ 为同一簇立木数据中的每个点在直角坐标系中的数值，$m$ 为一簇数据中测量点的个数。设立木胸径 $D$ 和中心坐标 $O = (O_x, O_y)$，当立木胸径测量处为近似圆形时，点 $P_i$ 满足如下的条件：

$$(p_i^x - O_x)^2 + (p_i^y - O_y)^2 = (D/2)^2$$
$$\Rightarrow 2p_i^x O_x + 2p_i^y O_y + \left[\frac{D^2}{4} - (O_x)^2 - (O_y)^2\right] \tag{2-4}$$
$$= (p_i^x)^2 + (p_i^y)^2$$

假设未知向量：
$$\boldsymbol{x} = [x_1, x_2, x_3]^T$$
$$= \left[O_x, O_y, \frac{D^2}{4} - (O_x)^2 - (O_y)^2\right]^T \tag{2-5}$$

系数矩阵：
$$\boldsymbol{a}_i = [a_{i1}, a_{i2}, a_{i3}]^T = [2p_i^x, 2p_i^y, 1]^T$$
$$b_i = (p_i^x)^2 + (p_i^y)^2$$

则式（2-4）可变换为
$$a_{i1}x_1 + a_{i2}x_2 + a_{i3}x_3 = b_i$$

则一簇立木数据 $P_i$ 可满足如下常系数线性方程组：
$$\begin{cases} a_{11}x_1 + a_{12}x_2 + a_{13}x_3 = b_1 \\ a_{21}x_1 + a_{22}x_2 + a_{23}x_3 = b_2 \\ \vdots \\ a_{m1}x_1 + a_{m2}x_2 + a_{m3}x_3 = b_m \end{cases} \tag{2-6}$$

式（2-6）可变换为如下矩阵方程形式：
$$\boldsymbol{Ax} = \boldsymbol{b} \tag{2-7}$$

式中
$$\boldsymbol{A} = \begin{bmatrix} a_{11} & a_{12} & a_{13} \\ a_{21} & a_{22} & a_{23} \\ \vdots & & \vdots \\ a_{m1} & a_{m2} & a_{m3} \end{bmatrix}$$
$$\boldsymbol{x} = [x_1, x_2, x_3]^T$$
$$\boldsymbol{b} = [b_1, b_2, \cdots, b_m]^T$$

当求出式（2-7）中的未知向量 $\boldsymbol{x}$ 后，则由式（2-4）可求出立木的胸径 $D$ 和中心坐标 $O = (O_x, O_y)$，即

$$O_x = x_1 \quad O_y = x_2 \quad D = 2\sqrt{x_1^2 + x_2^2 + x_3} \tag{2-8}$$

因为式（2-7）中 $m > 3$，则式（2-7）为超定方程组，立木胸径和中心坐标的计算转换为求解超定方程组式（2-7）的广义解。本节采用了 Fletcher-Reeves 共轭梯度算法求解式（2-7）。

### 2.3.5 Fletcher-Reeves 共轭梯度算法流程

Fletcher-Reeves 共轭梯度算法是一种常用于求解大型线性方程组的神经计算方法。通过不断地迭代和变更搜索方向，寻求使目标函数（误差函数）最小的最优解。

定义 $x_k$ 为第 $k$ 次迭代结果，使用 Fletcher-Reeves 共轭梯度算法求解式（2-7）和立木参数的流程如下：

- 设定初始值 $x_0 = [0,0,0]$，给定迭代终止误差 $\varepsilon > 0$，本节中 $\varepsilon$ 取 0.2；
- 计算 $g_k |_{k=0} = g_0 = A^T A x_0 - A^T b$；
- 设定初始搜索方向向量 $d_0 = -g_0$；
- 进行迭代计算 $x_{k+1} = x_k + \alpha_k d_k$，其中迭代步长 $\alpha_k = -g_k^T d_k / (d_k^T A^T A d_k)$；
- 计算 $g_{k+1} = A^T A x_{k+1} - A^T b$；
- 计算搜索方向向量 $d_{k+1} = -g_{k+1} + \beta_k d_k$，其中误差因子 $\beta_k = g_{k+1}^T g_{k+1} / (g_k^T g_k)$；
- 如果 $k < k_{\max}$（$k_{\max} = 1000$ 是最大迭代次数）且 $\|d_k\| < \varepsilon$，则 $k = k+1$ 返回第 4 步；
- 如果 $\|d_k\| < \varepsilon$，则获得式（2-7）的最优解 $x$，如果 $k > k_{\max}$，则停止迭代计算，表示结果不收敛，需要调整初始值 $x_0$ 以加快迭代。

由最优解 $x$ 和式（2-8），可计算各个立木胸径 $D$ 和中心坐标 $O$。

## 2.4 实验结果

图 2-6 给出了拟和结果，立木胸径测量处的轮廓采用圆拟合，立木的中心用三角形表示。拟合圆与实际测量点的最大误差为 0.02m。表 2-1 给出了人工使用米尺和游标尺获得的立木中心坐标和胸径参数，与采用本方法自动测得的立木中心坐标和胸径参数的对比。

与人工测量相比，采用本节的测量方法，立木中心位置的最大误差为 $\Delta O = \sqrt{\Delta O_x^2 + \Delta O_y^2} = 13.4\text{cm}$，胸径测量的最大误差为 $\Delta D = 4.5\text{cm}$。测量误差主要是由以下原因造成的。

- 由于激光束的发散效果，当立木距离激光扫描仪的零点较远时，误差会增大；
- 立木的胸径测量处不是理想的圆形，本节采用了圆形拟合以简化算法；
- 采用 Fletcher-Reeves 共轭梯度算法引入的拟合误差。

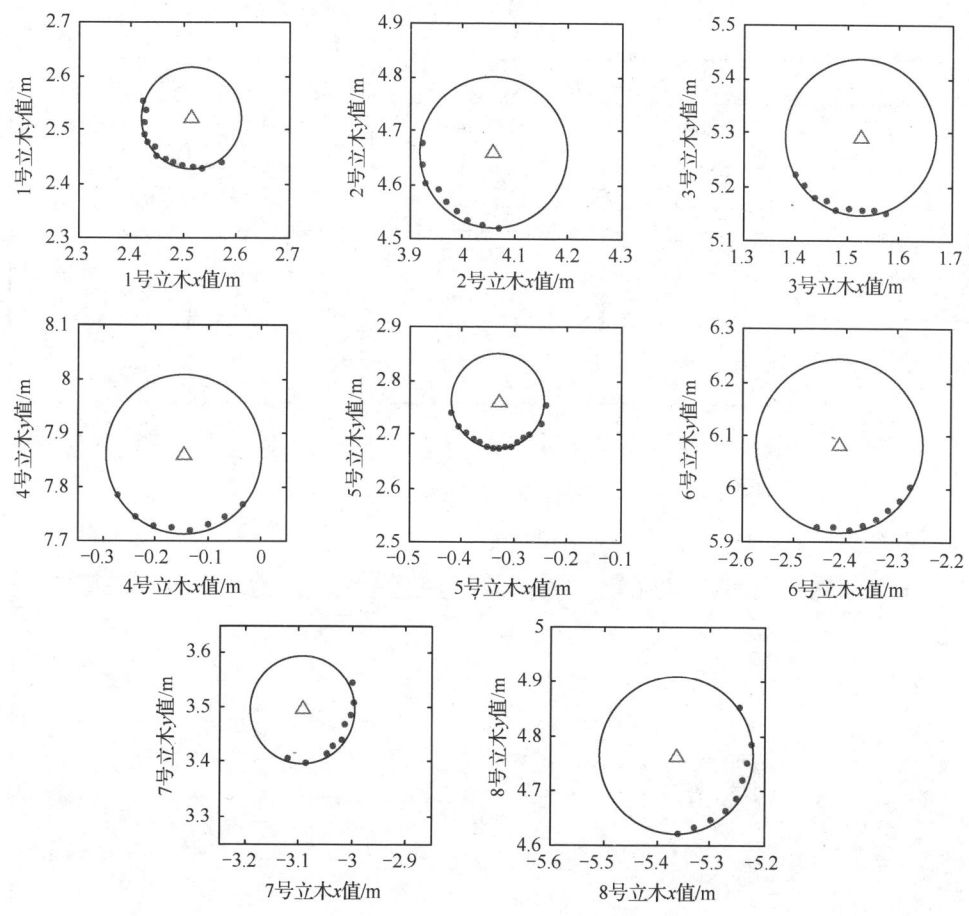

图 2-6 拟和结果

在实验中,单次测量的计算耗时约 2.4ms,满足使用林木联合采育机自动择伐的时间要求。由表 2-1 可知,自动测量获得的立木胸径值和立木中心位置,可为林木联合采育机的操作员选择成熟和合适位置的立木进行择伐提供有效的数据。同时,立木间距可由两株立木的中心坐标值计算,以判断林木联合采育机在人工林中移动时的可通过性。

表 2-1 人工测量和自动测量结果对比

单位:厘米

| 序号 | 中心坐标($O_x, O_y$) || 胸 径 ||
|---|---|---|---|---|
| | 人工测量 | 自动测量 | 人工测量 | 自动测量 |
| 1 | (247.0,248.0) | (251.4,252.1) | 17.2 | 19.8 |
| 2 | (397.9,455.7) | (405.9,465.8) | 27.0 | 29.4 |

续表

| 序号 | 中心坐标($O_x, O_y$) | | 胸径 | |
|---|---|---|---|---|
| | 人工测量 | 自动测量 | 人工测量 | 自动测量 |
| 3 | (149.1,520.0) | (152.6,529.0) | 27.2 | 30.4 |
| 4 | (-15.2,772.9) | (-14.7,785.8) | 26.6 | 31.1 |
| 5 | (-32.8,272.0) | (-33.0,276.0) | 18.0 | 18.5 |
| 6 | (-237.0,597.7) | (-241.2,608.2) | 29.3 | 32.5 |
| 7 | (-305.4,346.7) | (-309.3,349.6) | 20.6 | 21.8 |
| 8 | (-532.5,471.1) | (-536.5,476.3) | 27.8 | 30.3 |

采用上述的测量方法，基于 Visual C++6.0，开发用于林木联合采伐作业的活立木激光扫描定位软件（见图2-7），该系统采用多线程实现采伐目标立木的胸径、位置和间距的实时快速显示、计算和存储。

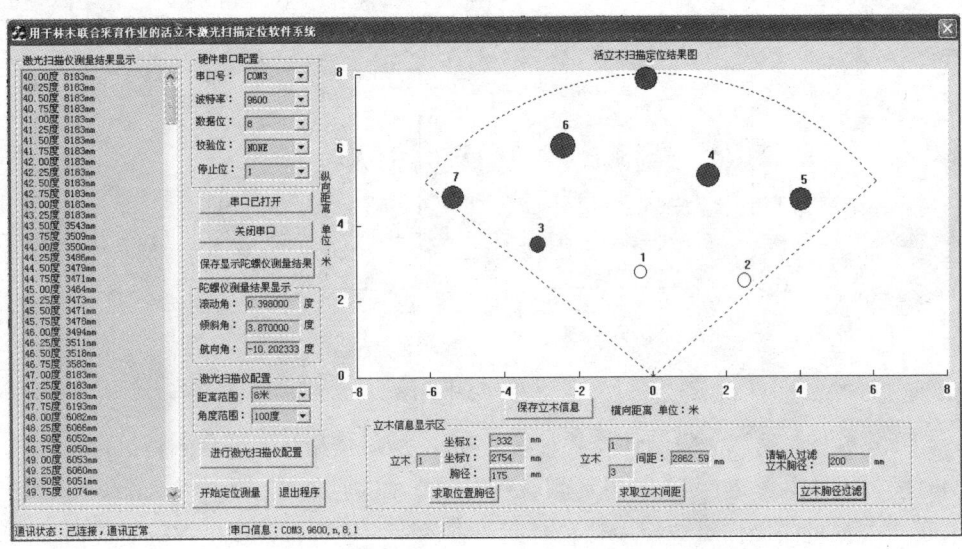

图2-7 用于林木联合采伐作业的活立木激光扫描定位软件系统界面图

## 2.5 本章小结

本章通过融合和处理二维激光扫描仪和惯性测量系统的数据，快速和准确地获取了自动采伐所需的立木中心位置、胸径和立木间距等参数，测量误差和计算耗时满足林木联合采育机自动采伐的要求，可准确快速地为林木联合采育机液压采伐机械臂的轨迹规划和控制提供有效的测量数据。

## 2.6 习　　题

（1）简要分析激光测量方法在林木联合采育机中起到的重要作用与意义。

（2）二维激光雷达点云数据在对立木进行测量过程中，采集的数据总会存在不同的噪声，请查阅相关资料，熟悉并掌握常用的点云滤波算法与点云聚类原理。

（3）熟练掌握 Fletcher-Reeves 共轭梯度算法原理与流程，并选择通过 C++，Python 或 Matlab（任选其一种编程语言）实现其基本功能。

# 第3章 采伐作业运动学分析

## 3.1 引 言

林木联合采育机的采伐机械臂由底座、立柱、连杆、大臂、小臂和伸缩臂等多个空间活动部件构成,并通过后推油缸、回转齿条油缸、伸缩油缸、主油缸、副油缸等液压驱动部件完成多自由度的旋转和伸缩运动,以实现对目标立木对准和捕获采伐操作。本章要建立多自由度的液压驱动采伐机械臂的运动学模型,并分析伐木头位姿变量、各关节变量与各液压缸之间的位置和速度变换关系,这是开展液压驱动采伐机械臂作业的轨迹规划和协调控制策略研究的必要工作。

## 3.2 采伐机械臂DH建模参数

林木联合采育机的采伐机械臂共有5个自由度,其中4个旋转关节和1个伸缩关节,其模拟图和坐标系如图3-1所示。

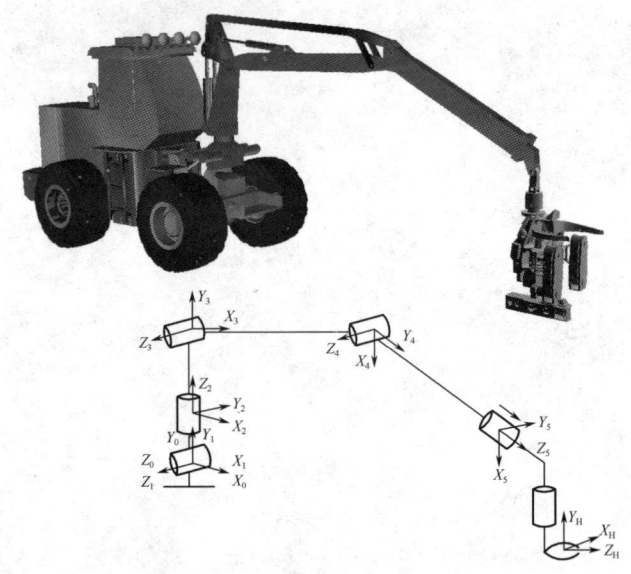

图3-1 液压采伐机械臂的坐标系

在图 3-1 中，设定坐标系的原点在各个关节上，定义关节变量为 $\theta=(\theta_1, \theta_2, \theta_3, \theta_4, d_5)^T$，则液压采伐机械臂 DH 参数如表 3-1 所示。

表 3-1 液压采伐机械臂 DH 参数

| 关节 $i$ | $\alpha_i$ | $a_i$/mm | $d_i$/mm | $\theta_i$ |
|---|---|---|---|---|
| 1 | 0 | 0 | 0 | $\theta_1$ |
| 2 | $-90°$ | 0 | 580 | $\theta_2$ |
| 3 | $90°$ | 0 | 1 320 | $\theta_3$ |
| 4 | 0 | 4 500 | 0 | $-90°+\theta_4$ |
| 5 | $-90°$ | 0 | $3\,300+d_5$ | $-60°$ |

## 3.3 采伐机械臂运动学正解

采伐机械臂运动学正解是采伐机械臂关节空间到末端操作空间的映射，在已知采育机采伐机械臂关节角时，可求得采育机采伐机械臂末端相对于基坐标系的位姿。

若采伐机械臂的关节变量序列为 $\theta=\{\theta_1, \theta_2, \theta_3, \theta_4, d_5\}$，则采伐机械臂末端的位姿为 ${}^0_5T = {}^0_1T(\theta_1){}^1_2T(\theta_2){}^2_3T(\theta_3){}^3_4T(\theta_4){}^4_5T(d_5)$。

$${}^0_1T = \begin{bmatrix} \cos\theta_1 & -\sin\theta_1 & 0 & 0 \\ \sin\theta_1 & \cos\theta_1 & 0 & 0 \\ 0 & 0 & 1 & 0 \\ 0 & 0 & 0 & 1 \end{bmatrix}$$

$${}^1_2T = \begin{bmatrix} \cos\theta_2 & -\sin\theta_2 & 0 & 0 \\ 0 & 0 & 1 & 580 \\ -\sin\theta_2 & -\cos\theta_2 & 0 & 0 \\ 0 & 0 & 0 & 1 \end{bmatrix}$$

$${}^2_3T = \begin{bmatrix} \cos\theta_3 & -\sin\theta_3 & 0 & 0 \\ 0 & 0 & -1 & 0 \\ \sin\theta_3 & \cos\theta_3 & 0 & 1320 \\ 0 & 0 & 0 & 1 \end{bmatrix}$$

$${}^3_4T = \begin{bmatrix} \sin\theta_4 & \cos\theta_4 & 0 & 4500 \\ -\cos\theta_4 & \sin\theta_4 & 0 & 0 \\ 0 & 0 & 1 & 0 \\ 0 & 0 & 0 & 1 \end{bmatrix}$$

$$\,^{4}_{5}T = \begin{bmatrix} 1 & 0 & 1 & 3300+d_5 \\ -1 & 0 & 1 & 3300+d_5 \\ 0 & -1 & 0 & 0 \\ 0 & 0 & 0 & 1 \end{bmatrix}$$

$$T^{0,5} = T^{0,1} \cdot T^{1,2} \cdot T^{2,3} \cdot T^{3,4} \cdot T^{4,5}$$

$$T^{0,5} = \begin{bmatrix} C^{0,5} & p^{0,5} \\ 0\ 0\ 0 & 1 \end{bmatrix} \tag{3-1}$$

采伐机械臂的末端位姿可由矩阵 $T^{0,5}$ 求解，$p^{0,5}$ 表示平移变化，分别对应 $x,y,z$ 的坐标值，$C^{0,5}$ 表示旋转变化，可以求解末端的姿态，得到姿态角 $\alpha,\beta,\gamma$。

通过上述计算得到的齐次变换矩阵即可表示采伐机械臂末端坐标系到采伐机械臂基坐标系的平移旋转变换。

## 3.4 采伐机械臂雅可比矩阵求解

采育机采伐机械臂末端执行器在笛卡尔坐标系中的运动速度 $v_e$ 和角速度 $\omega_e$ 与各关节在空间中转动的角速度 $\dot{\theta}$ 间的变换关系，可以通过雅可比矩阵 $J$ 来进行描述：

$$\begin{bmatrix} v_e \\ \omega_e \end{bmatrix} = J \cdot \dot{\theta} \tag{3-2}$$

可利用微分变换方法对雅可比矩阵 $J$ 进行求解。

（1）微分变换求解雅可比矩阵 $^{\mathrm{T}}J$：

$$^{\mathrm{T}}J = [\,^{\mathrm{T}}J_1\ \ ^{\mathrm{T}}J_2\ \ ^{\mathrm{T}}J_3\ \ ^{\mathrm{T}}J_4\,] \tag{3-3}$$

根据机器人学可知，前四个关节为转动关节，雅可比矩阵 $^{\mathrm{T}}J$ 的第 $i$ 列可按下式计算，即

$$^{\mathrm{T}}J_i = \begin{bmatrix} -n_x p_y + n_y p_x \\ -o_x p_y + o_y p_x \\ -a_x p_y + a_y p_x \\ n_z \\ o_z \\ a_z \end{bmatrix} \tag{3-4}$$

第五个关节为移动关节，雅可比矩阵 $^{\mathrm{T}}J$ 的第 5 列可按下式计算，即

$$^{\mathrm{T}}\boldsymbol{J}_5 = \begin{bmatrix} n_z \\ o_z \\ a_z \\ 0 \\ 0 \\ 0 \end{bmatrix} \qquad (3\text{-}5)$$

其中，$n,o,a,p$ 等元素可由相应的齐次变换矩阵 $\boldsymbol{T}$ 得到，对应关系如下所示：

$$\boldsymbol{T} = \begin{bmatrix} n_x & o_x & a_x & p_x \\ n_y & o_y & a_y & p_x \\ n_z & o_z & a_z & p_x \\ 0 & 0 & 0 & 1 \end{bmatrix} \qquad (3\text{-}6)$$

雅可比矩阵各列与各齐次变换矩阵的对应关系如下：

$$\begin{aligned} ^{\mathrm{T}}\boldsymbol{J}_1 &\Leftrightarrow \boldsymbol{T}^{0,5} = \boldsymbol{T}^{0,1} \cdot \boldsymbol{T}^{1,2} \cdot \boldsymbol{T}^{2,3} \cdot \boldsymbol{T}^{3,4} \cdot \boldsymbol{T}^{4,5} \\ ^{\mathrm{T}}\boldsymbol{J}_2 &\Leftrightarrow \boldsymbol{T}^{1,5} = \boldsymbol{T}^{1,2} \cdot \boldsymbol{T}^{2,3} \cdot \boldsymbol{T}^{3,4} \cdot \boldsymbol{T}^{4,5} \\ ^{\mathrm{T}}\boldsymbol{J}_3 &\Leftrightarrow \boldsymbol{T}^{2,5} = \boldsymbol{T}^{2,3} \cdot \boldsymbol{T}^{3,4} \cdot \boldsymbol{T}^{4,5} \\ ^{\mathrm{T}}\boldsymbol{J}_4 &\Leftrightarrow \boldsymbol{T}^{3,5} = \boldsymbol{T}^{3,4} \cdot \boldsymbol{T}^{4,5} \\ ^{\mathrm{T}}\boldsymbol{J}_5 &\Leftrightarrow \boldsymbol{T}^{4,5} \end{aligned} \qquad (3\text{-}7)$$

（2）求解雅可比矩阵 $\boldsymbol{J}$：

$$\boldsymbol{J} = \begin{bmatrix} {}_n^0\boldsymbol{R}^{\mathrm{T}} & 0 \\ 0 & {}_n^0\boldsymbol{R}^{\mathrm{T}} \end{bmatrix}^{-1} {}^{\mathrm{T}}\boldsymbol{J} \qquad (3\text{-}8)$$

其中，$^{\mathrm{T}}\boldsymbol{J}$ 可由上述求得，${}_n^0\boldsymbol{R}$ 为齐次变换矩阵 $\boldsymbol{T}^{0,4}$ 中左上角表示旋转变换的 $3\times 3$ 矩阵。

$$\boldsymbol{T}^{0,5} = \boldsymbol{T}^{0,1} \cdot \boldsymbol{T}^{1,2} \cdot \boldsymbol{T}^{2,3} \cdot \boldsymbol{T}^{3,4} \cdot \boldsymbol{T}^{4,5} \qquad (3\text{-}9)$$

已知采伐机械臂各关节在空间中转动的角速度 $\dot{\boldsymbol{\theta}}$，即可通过雅克比矩阵 $\boldsymbol{J}$ 计算得出伐木头在笛卡尔坐标空间中的运动速度 $v_e$ 和角速度 $\omega_e$。

## 3.5 采伐机械臂运动学逆解

通过运动学逆解可以实现对采伐机械臂末端伐木头的空间位姿控制，在采伐机械臂的轨迹规划和轨迹控制中都有重要的应用。

在式（3-8）中，$\boldsymbol{J}$ 不是方矩阵，因此采用 $5\times 6$ 的广义雅可比矩阵 $\boldsymbol{J}^+ = \boldsymbol{J}^{\mathrm{T}}(\boldsymbol{J}\boldsymbol{J}^{\mathrm{T}})^{-1}$ 计算采伐机械臂的拟运动学方程，即可得出固定基座模式下，采伐机械臂速度级的运动学逆解：

$$\dot{\boldsymbol{\theta}} = \boldsymbol{J}^+ \cdot \begin{bmatrix} \boldsymbol{v}_e \\ \boldsymbol{\omega}_e \end{bmatrix} \quad (3\text{-}10)$$

## 3.6 采伐机械臂关节变量与液压驱动变量间的转换

液压采伐机械臂可以简化为如下的多连杆机构，故采伐机械臂关节变量与液压驱动变量间的转换可以通过多连杆机构学和三角函数计算。

（1）基座俯仰角 $\theta_1$ 与前车架液压缸长度 $L_{AB}$ 的关系。

图 3-2 中，$L_{AB}$ 代表前车架液压缸长度，关节变量角 $\theta_1$ 代表基座的俯仰角，$\angle AO_1X_1$ 为固定角度，则基座俯仰角 $\theta_1$ 与前车架液压缸长度 $L_{AB}$ 的关系可以通过余弦定理求出：

$$\theta_1 = 360° - \arccos\left(\frac{L_{O_1B}^2 + L_{AO_1}^2 - L_{AB}^2}{2L_{O_1B}L_{AO_1}}\right) - \angle AO_1X_1 \quad (3\text{-}11)$$

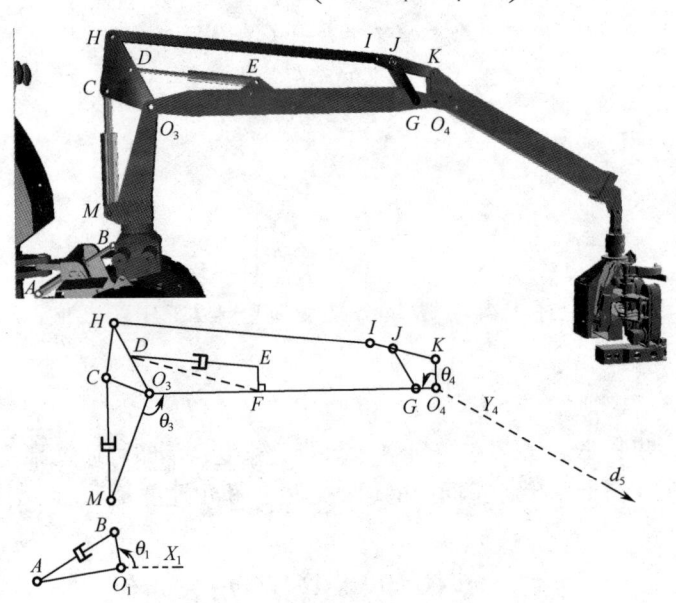

图 3-2 液压采伐机械臂的多连杆简化

（2）副臂关节转角 $\theta_4$ 与副液压缸长度 $L_{DE}$ 的关系。

图 3-2 中，$L_{DE}$ 代表副液压缸长度，角 $\theta_4$ 代表副臂关节转角。在四杆机构 $GJKO_4$ 中，利用余弦定理可以求出 $\angle IJG$ 的角度，如下：

$$\angle KJG = \arccos\frac{L_{JG}^2 + L_{JK}^2 - L_{O_4K}^2 - L_{O_4G}^2 + 2 \times L_{O_4K} \times L_{O_4G} \times \cos\theta_4}{2 \times L_{JG} \times L_{JK}} \quad (3\text{-}12)$$

$$\angle IJG = 180° - \angle KJG \tag{3-13}$$

同样利用余弦定理，$\angle JGO_3$ 用式（3-14）～式（3-16）求出：

$$L_{GK} = \sqrt{L_{O_4K}^2 + L_{O_4G}^2 - 2L_{O_4K}L_{O_4G}\cos\theta_4} \tag{3-14}$$

$$\angle JGO_4 = \arccos\frac{L_{JG}^2 + L_{GK}^2 - L_{JK}^2}{2L_{JG}L_{GK}} + \arccos\frac{L_{GK}^2 + L_{O_4G}^2 - L_{O_4K}^2}{2L_{GK}L_{O_4G}} \tag{3-15}$$

$$\angle JGO_3 = 180° - \angle JGO_4 \tag{3-16}$$

在五杆机构 $HIJGO_3$ 中，通过旋转可得如图 3-3 所示的结构简图。

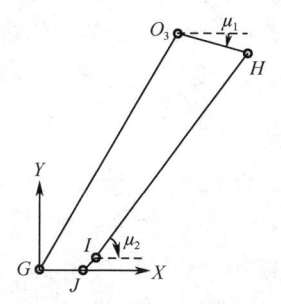

图 3-3　五杆机构 $HIJGO_3$ 结构简图

由封闭矢量法得：

$$r_{GH} = r_{GO_3} + r_{O_3H} = r_{GI} + r_{IH} \tag{3-17}$$

由各矢量 $r_{GO_3}, r_{O_3H}, r_{GI}, r_{IH}$ 在 $X$ 轴和 $Y$ 轴上的投影，可得如下方程：

$$\begin{cases} X_H = X_{O_3} + |r_{O_3H}|\cos\mu_1 = X_I + |r_{IH}|\cos\mu_2 \\ Y_H = Y_{O_3} + |r_{O_3H}|\sin\mu_1 = Y_I + |r_{IH}|\sin\mu_2 \end{cases} \tag{3-18}$$

通过求解式（3-18）可得角度 $\mu_1$：

$$\mu_1 = 2\times\arctan\left[\frac{B_0 \pm \sqrt{A_0^2 + B_0^2 - C_0^2}}{A_0 + C_0}\right] \tag{3-19}$$

其中：

$$\begin{cases} A_0 = 2\times(X_{O_3} - X_I)L_{O_3H} \\ B_0 = 2\times(Y_{O_3} - Y_I)L_{O_3H} \\ C_0 = L_{IH}^2 - L_{O_3H}^2 - (X_{O_3} - X_I)^2 - (Y_{O_3} - Y_I)^2 \\ X_{O_3} = L_{GO_3}\cos\angle JGO_3 \\ X_I = L_{JG} + L_{IJ}\cos(180° - \angle IJG) \\ Y_{O_3} = L_{GO_3}\sin\angle JGO_3 \\ Y_I = L_{IJ}\sin(180° - \angle IJG) \end{cases}$$

在图 3-3 中，$\angle HO_3G$ 可由下式计算得到：

$$\angle HO_3G = 180° - \angle JGO_3 - \mu_1 \quad (3\text{-}20)$$

由上面分析可得，副臂关节转角 $\theta_4$ 与副液压缸长度 $L_{DE}$ 的关系可以通过余弦定理求出：

$$L_{DE} = \sqrt{L_{DO_3}^2 + L_{EF}^2 + L_{O_3F}^2 - 2L_{DO_3}(L_{EF}\sin\angle HO_3G + L_{O_3F}\cos\angle HO_3G)} \quad (3\text{-}21)$$

式（3-21）中副臂关节转角 $\theta_4$ 由 $\angle HO_3G$ 决定。

（3）主臂关节转角 $\theta_3$ 与主液压缸长度 $L_{CM}$ 和副液压缸长度 $L_{DE}$ 的关系。

图 3-2 中，$L_{DE}$ 代表主液压缸长度，$L_{CM}$ 代表副液压缸长度，角 $\theta_3$ 代表主臂关节转角，角 $\theta_3$ 的变化由 $L_{DE}$ 和 $L_{CM}$ 变化一起决定，其中：

$$\angle CO_3M = 360° - \theta_3 - \angle HO_3G - \angle CO_3H$$

其中，$\angle CO_3H$ 为常量。$\angle CO_3M$ 与 $L_{CM}$ 的关系可以通过余弦定理求出：

$$L_{CM} = \sqrt{L_{O_3M}^2 + L_{O_3C}^2 - 2L_{O_3M}L_{O_3C}\cos\angle CO_3M} \quad (3\text{-}22)$$

在式（3-22）中，$\angle CO_3M$ 由主臂关节转角 $\theta_3$ 表示。由此，可求得 $\theta_3$ 与主液压缸和副液压缸长度变量之间的转换关系。

## 3.7 本章小结

本章建立了多自由度的液压驱动采伐机械臂的正运动学和逆运动学模型，获得了伐木头位姿变量、各关节变量与各液压缸之间的变换关系，为后续开展液压驱动采伐机械臂作业的轨迹规划和协调控制策略的研究提供了理论支撑。

## 3.8 习　　题

（1）查阅资料，分析 John Deere 公司的 1170G 型林木联合采育机机械臂的自由度、关节数量，并建立整体坐标系。

（2）分析 John Deere 公司的 1170G 型林木联合采育机机械臂的运动学方程的正解和逆解，并建立雅可比矩阵。

（3）以 John Deere 公司的 1470G 型林木联合采育机的机械臂为例，画出其多连杆简化模型并建立运动学方程。

# 第4章 采伐作业路径规划与控制仿真

## 4.1 引 言

林木联合采育机不但要求采伐机械臂运行快速准确，而且要求采伐机械臂的液压动力燃油尽可能节省，减少重复和错误的作业运动动作。因此，本章将研究多自由度液压驱动采伐机械臂的轨迹规划方法，使其末端的伐木头在位移和速度等约束下，能够沿给定的直线路径、圆弧路径及基于激光测量数据自主完成立木的快速捕获和采伐作业。

## 4.2 直线规划

采伐机械臂初始和终止位姿分别记为 $\boldsymbol{X}_{e0}=[P_{e0},\psi_{e0}]$，$\boldsymbol{X}_{ef}=[P_{ef},\psi_{ef}]$。要求采伐机械臂末端沿 $\boldsymbol{X}_{e0}$ 到 $\boldsymbol{X}_{ef}$ 的直线路径运动，起点和终点分别为 $P_{e0}(x_0,y_0,z_0,\alpha_0,\beta_0,\gamma_0)$ 和 $P_{ef}(x_f,y_f,z_f,\alpha_f,\beta_f,\gamma_f)$，如图 4-1 所示。

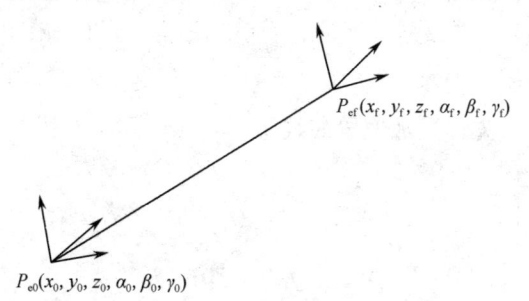

图 4-1 采伐机械臂末端运行轨迹

### 4.2.1 速度规划

由起点和终点坐标计算出首末端直线距离长度为

$$d_f = \sqrt{\sum_{i=x,y,z}(P_{f,i}-P_{0,i})^2} \tag{4-1}$$

假设按照带抛物线过度圆弧梯形法规划其运行路径，设起点和终点时刻为 0

和 $t_z$，加速段（或减速段）时间为 $t_a$，匀速段时间为 $t_s$，加速段和减速段曲线的过渡点时刻为 $t_a/3$、$2t_a/3$、$t_z - 2t_a/3$ 和 $t_z - t_a/3$，在过渡点时刻 $t_a/3$（或 $t_z - t_a/3$）、$2t_a/3$（或 $t_z - 2t_a/3$）处的速度为 $v_1$ 和 $v_2$，最大速度为 $v_m$，终点对应的位移为 $d_f$，其末端的位移—时间运行轨迹如图 4-2 所示。

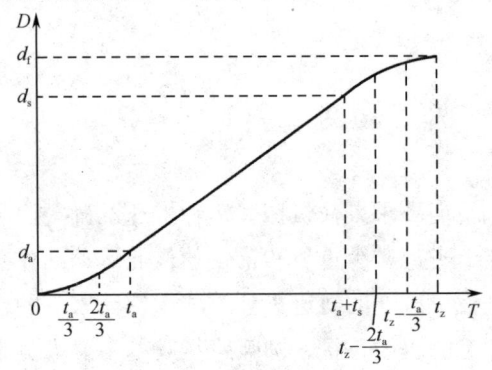

图 4-2 带抛物线过渡的线性插值

对通常规划来说，$d_f$ 为已知量。可设 $t_z$、$t_a$ 和 $v_m$ 中的任意两个变量为已知，求出其他变量及曲线函数。为便于计算，设 $t_z$ 和 $t_a$ 为已知，由于速度曲线具有对称性，故 $t_s = t_z - 2t_a$。

根据定义，设加速段曲线①~③的函数分别为 $f_1(t) = a_1 t^2 + b_1 t$，$f_2(t) = a_2 t + b_2$，$f_3(t) = a_3 t^2 + b_3 t + c_3$。设减速段曲线④~⑥的函数分别为 $f_4(t) = a_4 t^2 + b_4 t + c_4$，$f_5(t) = a_5 t + b_5$，$f_6(t) = a_6 t^2 + b_6 t + c_6$。为保证速度和加速度的连续，各曲线在过渡点处除了速度值相等，曲线斜率即加速度值也相等。同时，在 0、$t_a$、$t_a + t_s$ 和 $t_z$ 时刻，曲线斜率即加速度为零。

在以上条件下，先计算加速段曲线①~③，可列出方程组如下：

$$\begin{cases} a_1 \cdot t_a^2/9 + b_1 \cdot t_a/3 = v_1 & (f_1(t_a/3) = v_1) \\ 2a_1 \cdot t_a/3 + b_1 = a_2 & (f_1'(t_a/3) = f_2'(t_a/3)) \\ 2a_1 \cdot 0 + b_1 = 0 & (f_1'(0) = 0) \\ a_2 \cdot t_a/3 + b_2 = v_1 & (f_2(t_a/3) = v_1) \\ a_2 \cdot 2t_a/3 + b_2 = v_2 & (f_2(2t_a/3) = v_2) \\ 2a_3 \cdot 2t_a/3 + b_3 = a_2 & (f_2'(2t_a/3) = f_3'(2t_a/3)) \\ a_3 \cdot 4t_a^2/9 + b_3 \cdot 2t_a/3 + c_3 = v_2 & (f_3(2t_a/3) = v_2) \\ a_3 \cdot t_a^2 + b_3 \cdot t_a + c_3 = v_m & (f_3(t_a) = v_m) \\ 2a_3 \cdot t_a + b_3 = 0 & (f_3'(t_a) = 0) \\ 2d_a + v_m(t_z - 2t_a) = d_f & \end{cases} \quad (4\text{-}2)$$

根据以上方程组可求解出加速段①～③曲线系数、过渡点速度 $v_1$、$v_2$ 及最大速度 $v_m$ 如下：

$$v_1 = \frac{d_f}{4(t_z - t_a)}, \quad v_2 = \frac{3d_f}{4(t_z - t_a)}, \quad v_m = \frac{d_f}{t_z - t_a} \tag{4-3}$$

加速段曲线①～③系数为

$$a_1 = \frac{9d_f}{4t_a^2(t_z - t_a)}, \quad b_1 = c_1 = 0 \tag{4-4}$$

$$a_2 = \frac{3d_f}{2t_a(t_z - t_a)}, \quad b_2 = -\frac{d_f}{4(t_z - t_a)} \tag{4-5}$$

$$a_3 = -\frac{9d_f}{4t_a^2(t_z - t_a)}, \quad b_3 = \frac{9d_f}{2t_a(t_z - t_a)}, \quad c_3 = -\frac{5d_f}{4(t_z - t_a)} \tag{4-6}$$

根据速度曲线的对称性，可求出减速段曲线④～⑥系数为

$$a_4 = -\frac{9d_f}{4t_a^2(t_z - t_a)}, \quad b_4 = \frac{9d_f}{2t_a^2}, \quad c_4 = -\frac{d_f(5t_a^2 - 18t_a t_z + 9t_z^2)}{4t_a^2(t_z - t_a)} \tag{4-7}$$

$$a_5 = -\frac{3d_f}{2t_a(t_z - t_a)}, \quad b_5 = \frac{d_f(6t_z - t_a)}{4t_a(t_z - t_a)} \tag{4-8}$$

$$a_6 = \frac{9d_f}{4t_a^2(t_z - t_a)}, \quad b_6 = -\frac{9d_f t_z}{2t_a^2(t_z - t_a)}, \quad c_6 = \frac{9d_f t_z^2}{4t_a^2(t_z - t_a)} \tag{4-9}$$

由此，可以得到速度曲线如下：

加速阶段：$v(t) = \begin{cases} a_1 t^2 + b_1 t + c_1 & (0 \leq t < t_a/3) \\ a_2 t + b_2 & (t_a/3 \leq t < 2t_a/3) \\ a_3 t^2 + b_3 t + c_3 & (2t_a/3 \leq t < t_a) \end{cases}$ (4-10)

匀速阶段：$v(t) = v_m \quad (t_a \leq t < t_a + t_s)$ (4-11)

减速阶段：$v(t) = \begin{cases} a_4 t^2 + b_4 t + c_4 & (t_a + t_s \leq t < t_z - 2t_a/3) \\ a_5 t + b_5 & (t_z - 2t_a/3 \leq t < t_z - t_a/3) \\ a_6 t^2 + b_6 t + c_6 & (t_z - t_a/3 \leq t < t_z) \end{cases}$ (4-12)

同时，可以计算出加速度大小为

加速阶段：$a(t) = \begin{cases} 2a_1 t + b_1 & (0 \leq t < t_a/3) \\ a_2 & (t_a/3 \leq t < 2t_a/3) \\ 2a_3 t + b_3 & (2t_a/3 \leq t < t_a) \end{cases}$ (4-13)

匀速阶段：$a(t) = 0 \quad (t_a \leq t < t_a + t_s)$ (4-14)

减速阶段：$a(t) = \begin{cases} 2a_4 t + b_4 & (t_a + t_s \leq t < t_z - 2t_a/3) \\ a_5 & (t_z - 2t_a/3 \leq t < t_z - t_a/3) \\ 2a_6 t + b_6 & (t_z - t_a/3 \leq t < t_z) \end{cases}$ (4-15)

速度变化曲线图如图 4-3 所示。

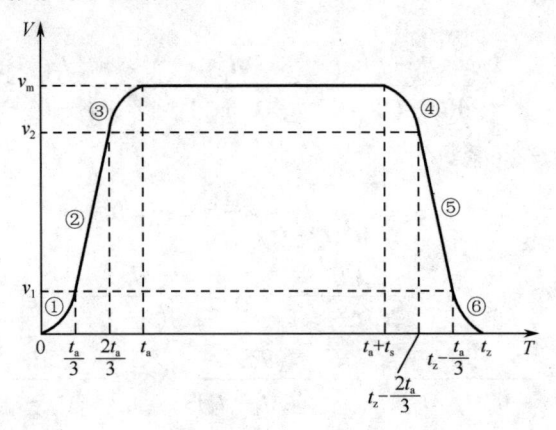

图 4-3 速度变化曲线图

### 4.2.2 角速度规划

角速度规划方法也采用带抛物线过度圆弧梯形法规划采伐机械臂末端各轴向的最大角速度，则过渡点速度 $\omega_1$、$\omega_2$ 及最大速度 $\omega_m$ 为

$$\omega_1 = \frac{\phi_f}{4(t_z - t_a)} r_e, \quad \omega_2 = \frac{3\phi_f}{4(t_z - t_a)} r_e, \quad \omega_m = \frac{\phi_f}{t_z - t_a} r_e \tag{4-16}$$

同理，可得末端角速度规划速度如下。

加速阶段：

$$\omega(t) = \begin{cases} a_1 t^2 + b_1 t + c_1 & (0 \leq t < t_a/3) \\ a_2 t + b_2 & (t_a/3 \leq t < 2t_a/3) \\ a_3 t^2 + b_3 t + c_3 & (2t_a/3 \leq t < t_a) \end{cases} \tag{4-17}$$

匀速阶段：

$$\omega(t) = \omega_m \qquad (t_a \leq t < t_a + t_s) \tag{4-18}$$

减速阶段：

$$\omega(t) = \begin{cases} a_4 t^2 + b_4 t + c_4 & (t_a + t_s \leq t < t_z - 2t_a/3) \\ a_5 t + b_5 & (t_z - 2t_a/3 \leq t < t_z - t_a/3) \\ a_6 t^2 + b_6 t + c_6 & (t_z - t_a/3 \leq t < t_z) \end{cases} \tag{4-19}$$

同时，可以计算出加速度大小如下。

加速阶段：

$$\alpha(t) = \begin{cases} 2a_1 t + b_1 & (0 \leq t < t_a/3) \\ a_2 & (t_a/3 \leq t < 2t_a/3) \\ 2a_3 t + b_3 & (2t_a/3 \leq t < t_a) \end{cases} \quad (4\text{-}20)$$

匀速阶段：

$$\alpha(t) = 0 \quad (t_a \leq t < t_a + t_s) \quad (4\text{-}21)$$

减速阶段：

$$\alpha(t) = \begin{cases} 2a_4 t + b_4 & (t_a + t_s \leq t < t_z - 2t_a/3) \\ a_5 & (t_z - 2t_a/3 \leq t < t_z - t_a/3) \\ 2a_6 t + b_6 & (t_z - t_a/3 \leq t < t_z) \end{cases} \quad (4\text{-}22)$$

由上所述过程即可得出采伐机械臂末端运行的线速度和角速度。直线规划算法图如图4-4所示。

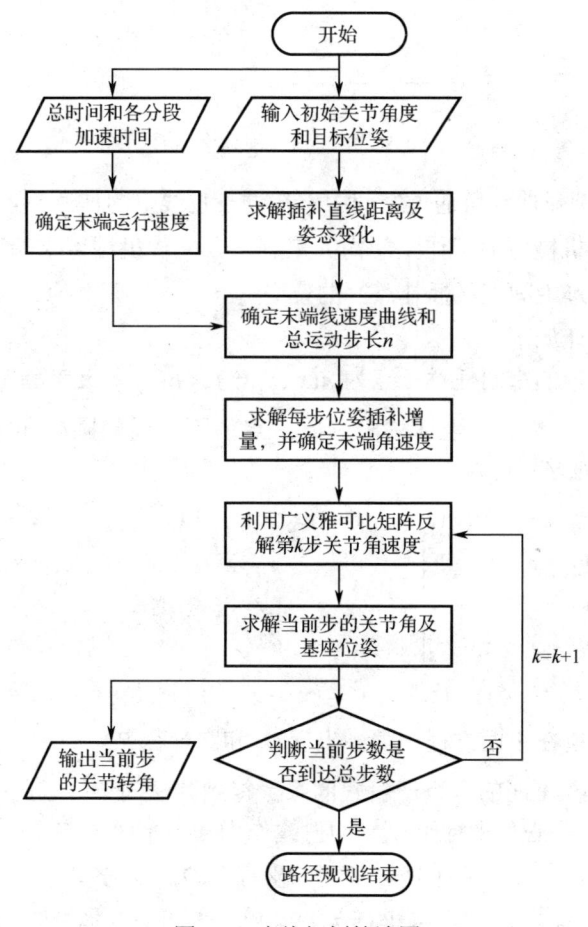

图4-4 直线规划算法图

## 4.3 圆弧规划

圆弧规划分为平面圆弧规划和空间圆弧规划。空间圆弧规划一般分两步处理，第一步把三维问题转化为二维问题，即在圆弧平面内规划，第二步利用二维平面插补算法，求出插补点坐标，再把这个点坐标值转变成基坐标系的值。空间圆弧规划坐标系如图 4-5 所示。

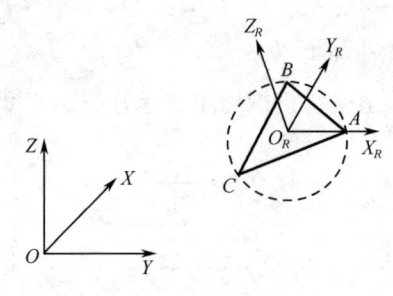

图 4-5 空间圆弧规划坐标系

通常，空间圆弧曲线可通过空间中不在同一直线上的任意三点 $A$、$B$ 和 $C$（这三点需要在采伐机械臂的工作空间内）来确定，采伐机械臂末端通过由该三点确定的圆弧，求轨迹中间点（插补点）的位姿。

算法流程设计如下。

设基坐标系中的空间任意三点为 $A(x_1,y_1,z_1)$，$B(x_2,y_2,z_2)$，$C(x_3,y_3,z_3)$。

（1）根据已知的三点坐标解出过此三点的圆平面的圆心和半径，设圆心为 $O_R(x_o,y_o,z_o)$，列方程组为

$$\begin{cases} (x_3-x_o)+(y_3-y_o)^2+(z_3-z_o)^2=(x_2-x_o)^2+(y_2-y_o)^2+(z_2-z_o)^2 \\ \begin{vmatrix} x_o-x_1 & y_o-y_1 & z_o-z_1 \\ x_1-x_2 & y_1-y_2 & z_1-z_2 \\ x_1-x_3 & y_1-y_3 & z_1-z_3 \end{vmatrix}=0 \\ (x_1-x_o)+(y_1-y_o)^2+(z_1-z_o)^2=(x_2-x_o)^2+(y_2-y_o)^2+(z_2-z_o)^2 \end{cases} \quad (4\text{-}23)$$

由此解得圆所在平面方程，圆心坐标 $O_R$ 和圆半径 $R$。

（2）由圆所在平面的方程一般式的系数得到其法向量，以此作为插补平面的 $Z_R$ 轴，同时以过圆心且平行于 $O_RA$ 的射线作为插补平面的 $X_R$ 轴，$Y_R$ 轴通过右手螺旋法则得到，这样便建立了插补平面的坐标系 $O_R-X_RY_RZ_R$。

（3）建立 $O_R-X_RY_RZ_R$ 和基坐标系 $O-XYZ$ 之间的变换矩阵。先求出 $Z_R$ 轴与基坐标系 $Z$ 轴、$X_R$ 轴与基坐标系 $X$ 轴的夹角，分别记为 $\alpha,\theta$。这样就可以把坐标

系 $O_R - X_R Y_R Z_R$ 看成是由基坐标系 $O - XYZ$ 通过如下变换得到的。

① 将基坐标系 $O - XYZ$ 的原点平移至 $O_R(x_o, y_o, z_o)$ 处；

② 再绕新的 $OZ$ 轴旋转 $\theta$ 角；

③ 再绕新的 $OX$ 轴旋转 $\alpha$ 角。

于是得到变换矩阵：

$$T = \begin{bmatrix} 1 & 0 & 0 & x_o \\ 0 & 1 & 0 & y_o \\ 0 & 0 & 1 & z_o \\ 0 & 0 & 0 & 1 \end{bmatrix} \begin{bmatrix} c\theta & -s\theta & 0 & 0 \\ s\theta & c\theta & 0 & 0 \\ 0 & 0 & 1 & 0 \\ 0 & 0 & 0 & 1 \end{bmatrix} \begin{bmatrix} 1 & 0 & 0 & 0 \\ 0 & c\alpha & -s\alpha & 0 \\ 0 & s\alpha & c\alpha & 0 \\ 0 & 0 & 0 & 1 \end{bmatrix} = \begin{bmatrix} c\theta & -s\theta c\alpha & s\theta s\alpha & x_o \\ s\theta & c\theta c\alpha & -c\theta s\alpha & y_o \\ 0 & s\alpha & c\alpha & z_o \\ 0 & 0 & 0 & 1 \end{bmatrix}$$

(4-24)

（4）采用带抛物线过渡的线性插值方法，规划末端运行的速度轮廓曲线。

与直线规划不同，这里规划的是末端沿圆周的旋转角度和角速度。具体方法如下，首先求得圆周周长 $L = 2\pi R$，由 $t_a = \omega/a$ 求加速运动时间 $t_a$，然后修订速度曲线：

$$\text{If}(at_a^2 R \geqslant L) \quad t_a = \sqrt{L/R/a}, \quad t_s = 0,$$
$$\text{else} \quad t_a = \omega/a, \quad t_s = (L - 2at_a^2)/R/\omega;$$

(4-25)

式中，$t_s$ 为匀速运动时间，由 $k_n = (2t_a + t_s)/t_0$ 得到插补的总步数 $k_n$，并得到了速度轮廓曲线。

（5）求插补过程中的每个步长 step：

$$\text{If} \quad (k < t_a/t_0)$$
$$\text{step} = (a(kt_0)^2 - a((k-1)t_0)^2)R,$$
$$\text{else} \quad (t_a/t_0 < k \leqslant (t_a + t_s)/t_0)$$
$$\text{step} = \omega t_0 R,$$
$$\text{else} \quad ((t_a + t_s)/t_0 < k \leqslant k_n)$$
$$\text{step} = (a((k_n - k + 1)t_0)^2 - a((k_n - k)t_0)^2)R;$$

(4-26)

（6）各插补点在插补平面内的笛卡儿坐标为 $[R\cos\phi \quad R\sin\phi \quad 0]^T$，变换到基坐标系：$[x_p \quad y_p \quad z_p]^T = T \cdot [R\cos\phi \quad R\sin\phi \quad 0]^T$，其中 $\phi$ 为经历的插补角度数，$\phi = S_k/R$（$S_k$ 为第 $k$ 步时经过的总弧长）；利用当前步的坐标值减去前一步的坐标值之差除以规划时间即可得出当前步末端规划的线速度。

（7）圆弧规划的角速度规划与线速度规划相同，首先利用当前规划步数除以总的规划步数再乘以总的欧拉角变化量，得出当前的末端姿态；然后利用当前末端姿态与上一步末端姿态做差，将所做之差除以控制周期，即可得到圆弧规划时的末端角速度。在求得末端规划的速度和角速度时，可按照笛卡儿空间路径规划方法。圆弧规划算法图如图4-6所示。

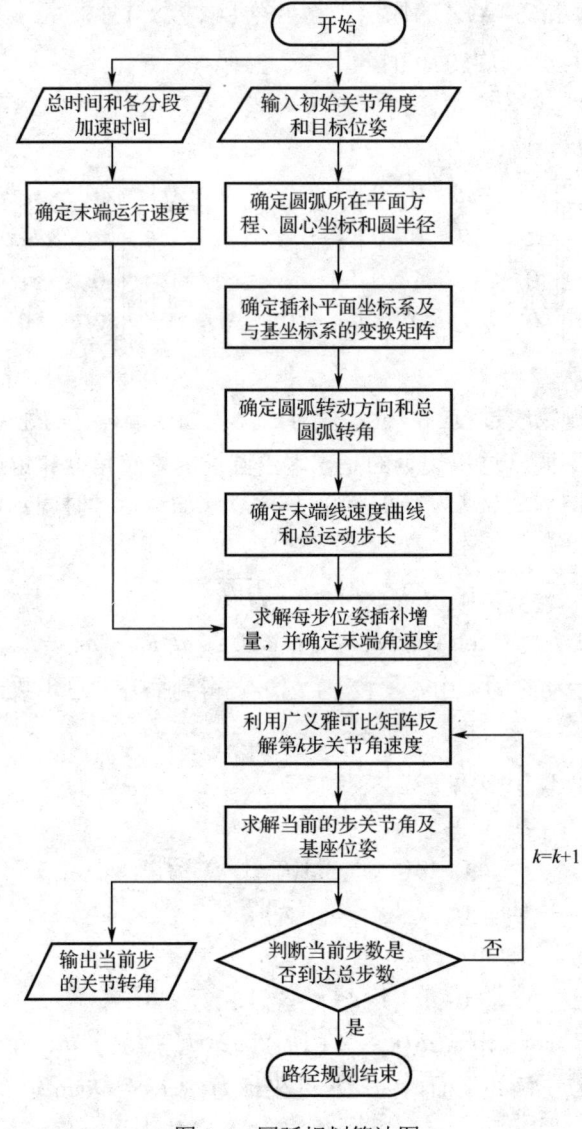

图 4-6 圆弧规划算法图

## 4.4 自主路径规划与控制

在自主控制时,激光测量系统参与运动控制,激光测量系统实时计算出目标立木相对伐木头的位姿,进行路径规划与控制。自主控制结构简图如图4-7所示。

## 第4章 采伐作业路径规划与控制仿真

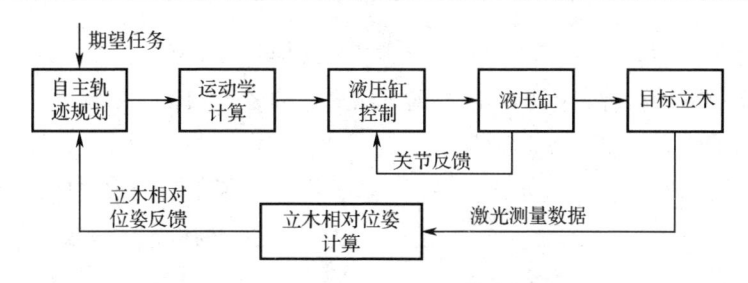

图 4-7 自主控制结构简图

控制结构采用双闭环结构，内环实现关节控制，外闭环基于目标立木的激光测量数据实现自主轨迹规划与控制。基坐标系为 $I({}^I O - {}^I X {}^I Y {}^I Z)$，采伐机械臂末端坐标系为 $T({}^T O - {}^T X {}^T Y {}^T Z)$，目标点坐标系为 $W({}^W O - {}^W X {}^W Y {}^W Z)$。算法流程如下。

（1）激光测量采集目标点 $W$ 相对于采伐机械臂末端坐标系 $T$ 的六维坐标 $({}_W^T P, {}_W^T \mathrm{Eul}) = ({}_W^T P_x, {}_W^T P_y, {}_W^T P_z, {}_W^T \alpha, {}_W^T \beta, {}_W^T \gamma)$，其中 ${}_W^T P = ({}_W^T P_x, {}_W^T P_y, {}_W^T P_z)$ 为位置坐标，${}_W^T \mathrm{Eul} = ({}_W^T \alpha, {}_W^T \beta, {}_W^T \gamma)$ 为姿态坐标，用欧拉角表示。由此可得目标点 $W$ 相对于采伐机械臂末端坐标系 $T$ 的变换矩阵 ${}_W^T \boldsymbol{T}$。

（2）由当前关节角度 $\theta_{\mathrm{now}}$，根据运动学正解计算末端 $T$ 相对于基坐标系 $I$ 的位姿矩阵 ${}_T^I \boldsymbol{T}$，并由此得到末端 $T$ 相对于基坐标系 $I$ 的位姿坐标 $({}_T^I P, {}_T^I \mathrm{Eul})$。

（3）由（1）和（2）所得的 ${}_W^T \boldsymbol{T}$ 和 ${}_T^I \boldsymbol{T}$ 计算目标点 $W$ 相对于基坐标系 $I$ 的变换矩阵 ${}_W^I \boldsymbol{T} = {}_T^I \boldsymbol{T} \cdot {}_W^T \boldsymbol{T}$，并由此得到目标点 $W$ 相对于基坐标系 $I$ 的位姿坐标 $({}_W^I P, {}_W^I \mathrm{Eul})$。

（4）位姿跟踪。

考虑到直接跟踪目标立木，可能会发生伐木头和目标立木碰撞的问题，因此先以与目标立木固连的坐标系的 $Z$ 轴反向延长线上距离目标物 $d_s$ 的点作为跟踪目标点。为保证抓取平稳准确，可根据需要设置一个或多个中间点。

① 自主规划跟踪目标点的确定（见图4-8）：根据当前采伐机械臂末端与目标物 $Z$ 轴方向的距离，取 $d_s = 0.1\,\mathrm{m}$。

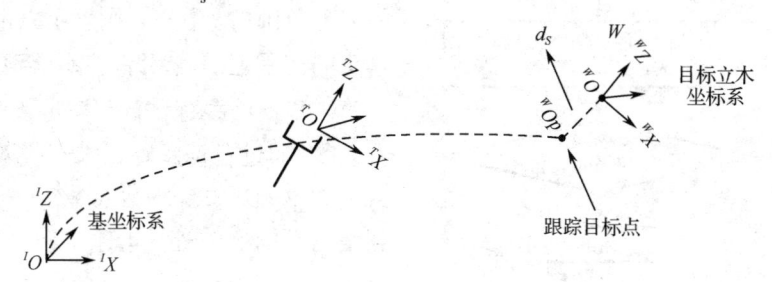

图 4-8 自主规划跟踪目标点的确定

计算 ${}^W O_p$ 的位姿坐标 $({}_W^T P', {}_W^T \mathrm{Eul}') = ({}_W^T P_x', {}_W^T P_y', {}_W^T P_z', {}_W^T \alpha', {}_W^T \beta', {}_W^T \gamma')$，其中 ${}_W^T P' =$

$({}_W^T P_x - d_s \cdot {}_W^T a_x, {}_W^T P_y - d_s \cdot {}_W^T a_y, {}_W^T P_z - d_s \cdot {}_W^T a_z)$，${}_W^T \text{Eul}' = {}_W^T \text{Eul}$。

② 以 ${}^W Op$ 为跟踪目标点，按下列方法进行位姿跟踪。

a. 计算目标点 ${}^W Op$ 相对于伐木头 $T$ 在基坐标系 $I$ 下的位姿坐标差 $D'_{oe} = (\Delta P', \Delta \text{Eul}') = ({}_W^I P', {}_W^I \text{Eul}') - ({}_T^I P, {}_T^I \text{Eul})$，并计算抓手与 ${}^W Op$ 之间的距离 $d_v$。

b. 计算下一步位移量 $S_{end} = v \times dt \times D_{oe}/d_v$，其中 $v$ 为设定的采伐机械臂末端运动速度，$dt$ 为运动控制周期。

c. 针对末端位移量 $S_{end}$，由运动学逆解计算始末端对应的两组关节角度值 $\theta_{now}$、$\theta_{next}$，其中 $\theta_{now}$ 为当前关节角度值，$\theta_{next}$ 为下一个周期开始时的关节角度值。

d. 考虑到关节角速度约束条件，故每个周期关节实际转角有约束范围，当 $(\theta_{next} - \theta_{now})$ 不超过约束范围时，以 $(\theta_{next} - \theta_{now})$ 作为下一步实际动作的关节角度值 $\theta_{plan}$，若 $(\theta_{next} - \theta_{now})$ 使某些关节转角超过约束范围时，取 $\theta_{max} = \max(\theta_{next\_i} - \theta_{now\_i})$，则 $\theta^*_{next\_i} = \text{ang} \times (\theta_{next\_i} - \theta_{now\_i}) / \theta_{max}$，其中 ang 为关节最大转角，则 $\theta^*_{next\_i}$ 为下一步第 $i$ 个关节实际关节角度。

e. 按上述步骤，依次连续跟踪多个规划点。同时由于单次测量不能满足控制要求，需要进行多次测量、多次规划，这里采用了"测量一次，规划一次，走十个规划点"的方式，以保证采伐机械臂跟踪方向准确和运动平稳。

f. 判断此时伐木头与 ${}^W Op$ 之间的距离 $d_v < d'_{min}$ 是否成立，以及此时末端姿态欧拉角与目标物姿态差 $\Delta \text{Eul}'$ 是否在给定的误差范围内，若在，则表示立木已在伐木头的捕获范围，跟踪结束；否则，返回到第①步继续跟踪，直到满足条件为止。

③ 通过目标跟踪，末端伐木头的姿态已调整到与目标物基本一致，位置调整到距离目标物 $d_s$ 处。此时，目标立木处于伐木头的捕获范围。自主规划算法流程图如 4-9 所示。

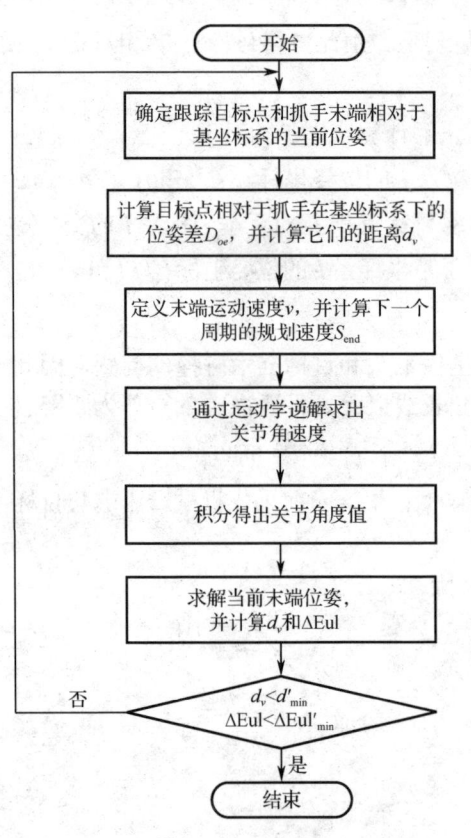

图 4-9 自主规划算法流程图

## 4.5 本章小结

本章研究了多自由度液压驱动采伐机械臂的直线路径和圆弧路径规划的方法，规划过程考虑了采伐机械臂末端运行的线速度和角速度等约束。同时，给出了基于激光测量数据完成人工林立木的捕获立木的自主规划与控制流程。

## 4.6 习　　题

（1）以 John Deere 公司的 1470G 型林木联合采育机的机械臂为例，分析其直线路径规划方法。

（2）简述圆弧规划算法中，不同的插补算法的优势和缺点。

（3）以 John Deere 公司的 1170G 型林木联合采育机的机械臂为例，分析其圆弧路径规划方法。

# 第 5 章　采伐作业虚拟仿真系统

## 5.1　引　　言

林木联合采育机采伐作业轨迹规划与控制的研究需要通过虚拟仿真实验来验证。本章基于 Visual C++平台和 Open Scene Graph 三维图形引擎开发了林木联合采育机作业虚拟仿真实验系统，该系统包含林木联合采育机多自由度液压采伐机械臂的数学模型，可输入控制参数和指令，并实时显示和保存运动信息，在计算机上进行采伐机械臂轨迹规划与协调控制的参数化仿真与作业同步动态虚拟显示，修正和优化设计方案，以开展液压采伐机械臂的作业轨迹规划与控制策略理论研究，实现伐木头对目标立木的快速对准和捕获。

## 5.2　OSG 概述

Open Scene Graph（OSG）是一种跨平台的开源场景图形引擎，在虚拟仿真、游戏、科学和工程可视化等领域有广泛应用。整个引擎通过 C++语言编写而成，使用了标准模版库（STL），以 OpenGL 为底层，可以广泛应用于各种操作系统，如 OSX、GNU/Linux、IRIX、Solaris、HP-UX、AIX 和 FreeBSD 等。OSG 用于图形图像应用程序的开发，含有大规模场景的分页支持、多线程、多显示渲染功能，支持各种文件格式，以及对 Java、Perl、Python 等脚本语言的封装，适用于创建复杂的交互式图形程序。

### 5.2.1　OSG 体系结构

OSG 构建于底层渲染 API OpenGL 之上，因此 OSG 可以更方便使用其上层的应用程序与示例。OSG 运行时文件由动态链接库（.dll/.so）和可执行文件组成，按其作用划分为 OSG 核心库、NodeKits 库和 OSG 插件库。图 5-1 所示为 OSG 的体系结构图。

第5章 采伐作业虚拟仿真系统

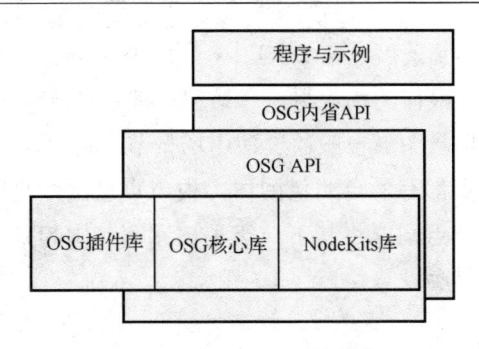

图5-1 OSG的体系结构图

OSG核心库为构建场景图形和渲染提供了基本的功能,可以组织和管理OSG内部最核心的场景数据库、操作场景图形,还可以提供外部数据库的导入接口等,OSG核心库包括osg库、osgDB库、osgUtil库、osgGA库和osgViewer库。NodeKits库是对OSG核心库场景图形节点类功能的扩展,提供动画工具、场景特效、粒子系统、阴影特效等高级节点和渲染特效。OSG插件库可以实现2D/3D模型文件的读写功能。OSG以直接或间接的手段,导入不同三维绘图软件建立的三维模型,可以减少绘制图形的工作量,还可以为开发者提供方便。

### 5.2.2 场景图形与内存管理

以本研究的三维场景为例,介绍OSG场景图形与内存管理。

1) 场景节点树

OSG通过一种自顶而下的树状结构(场景节点树)对空间数据进行组织,如图5-2所示。一棵场景节点树由一个根节点、多级组节点和多个末端叶节点构成。根节点和组节点构建了树的层次,本研究的根节点代表整个三维场景,组节点代表林区地形、树木、林木联合采育机等物体属性信息,叶节点保存了某一个或多个物理对象本身或者实际几何信息。

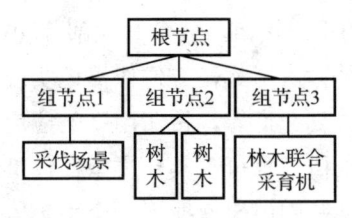

图5-2 场景节点树

2) 包围体层次

包围体层次(Bounding Volume Hierarchy,BVH)是一种场景图形的管理方式。包围体是指将一组物体完全封闭在一个包围球或包围盒等简单空间形体中,这样

· 41 ·

可以提高各种检测的运算速度。在 OSG 中，综合使用包围球和包围盒来构造场景的包围体层次，以实现最佳的场景组织和访问性能。

包围体层次管理场景图形一般通过使用场景节点树来保存信息。如图 5-3 所示，场景树的所有节点都有各自的包围体，根节点包围体将所有组节点的包围体紧紧包围，而每个组节点同样将其下一级子树紧密包围起来，以此类推，构建了逻辑清晰分明的管理层次。

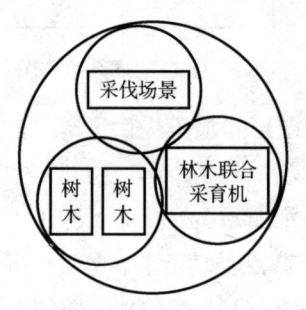

图 5-3 包围体层次

## 5.3 构建基于 OSG 的 MFC 单文档应用程序框架

### 5.3.1 MFC 及其应用

MFC 是 Microsoft Foundation Class Library 的缩写，是微软封装了主要 Win32 API 函数的应用程序框架。MFC 通过消息反应机制实现 Visual C++平台和 Windows 的连接，用户输入信号转化为数据传递给 Windows，处理结果通过 MFC 显示出来。MFC 是微软基础类库，封装了大部分标准的 Win32 API 函数，提供了图形环境应用程序的框架及创建应用程序的组件。

对话框是 MFC 重要的用户接口，包含其大部分功能。MFC 控件是对话框的主要内容，为用户提供多种输入形式，方便快捷地实现控制功能。常用的控件包括按钮、编辑框、滚动条、复选框等，按钮用于响应用户的输入，单击触发相应的事件；编辑框可以输入数值，也可与其他类型控件绑定；滚动条可以实时动态显示数值的变化，在预定义范围内快速捕捉一个整数值；复选框用来选择标记，可以灵活选择是否对其进行操作。

MFC 构造的停靠栏是虚拟仿真的主要控制面板，用户可以通过停靠栏完成针对采育机的整体控制。本研究采用的 Visual C++平台可以提供 MFC 库，通过调用 MFC 库中合适的类，如 AppWizard、ClassWizard 等类，创建停靠栏，实现停靠栏中按钮、文本框及滑块的功能。首先，MFC 对林木联合采育机虚拟仿真系统的框架轮廓进行了定义：显示器左侧是仿真界面，右侧是对系统控制的模块；然后，将要实现的关节转动、平移、数据交换和显示等功能列出，并根据林木联合采育机本身结构特点进行分类；最后，将这些功能写入框架中，实现预设程序逻辑，可进行实时显示和人机交互。

### 5.3.2 OSG 与 MFC 结合

通常，OSG 主要有两种应用方式，一是与 Win32 控制台程序结合，二是与 MFC 程序结合。前者主要通过键盘和鼠标实现对 OSG 的外界控制，因此要求应用程序不能过于复杂。后者的 MFC 程序采用基于消息响应机制，可以通过菜单控制、鼠标和键盘消息等方式实现操作。对于复杂系统的 OSG 渲染，需要采用 OSG 与 MFC 结合的方式控制。

MFC 与 OSG 结合，可以更好地发挥出 OSG 的渲染性能和 MFC 的交互功能，同时有多种方式用于功能设计，使系统界面更友好和有条理，也易于增加或删减功能模块。因此，本研究采用 MFC 与 OSG 结合的方式构建虚拟仿真系统，实现人机交互。

分析 MFC 中调用 OSG 渲染引擎的原理图，如图 5-4 所示，可以帮助系统程序的逻辑设计。在图 5-4 左侧 MFC 的程序流程是 CMainFrame→View→结束，图 5-4 右侧 OSG 渲染的流程是组织节点→加入到场景→渲染→结束。两个流程通过 COSGFrame 视图类接口连接，整个程序执行过程以 MFC 为主，通过 COSGFrame 类统领 OSG 渲染流程。

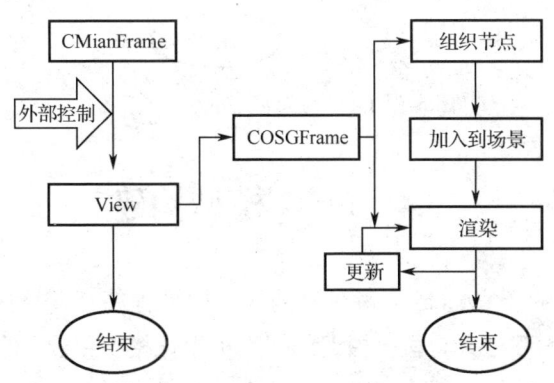

图 5-4  MFC 中调用 OSG 渲染引擎的原理图

当 OSG 整合到 MFC 程序中时，MFC 程序存在三个阶段，即初始化、帧循环和回收。OSG 和 MFC 结合的方式通常有以下两种。

一种方式是调用 MFC 视类 OnCreate 函数创建视窗口，同时对 OSG 初始化，WMPAINT 消息用于 CView 窗口的重绘工作，调用 OnPaini 函数绘制每帧场景，进入帧循环，MFC 中除重绘窗口外还有等待时间，在 Onldie 函数中再次调用 OnPaini 函数帧循环代码，将等待时间也用于画面更新，保证实时渲染。单击关闭按钮，通过调用 WM_DESTROY 消息的 onDestroy 函数，清理代码。

另一种方式是首先调用视类的 OnlnitialUpdate 函数中对 OSG 初始化，再编写渲染线程，使用如下代码：

```
mThreadHandle=(HANDLE)_beginihread(&CCoreOSG::Render,0,mOSG)
```

基于多线程同步机制使渲染功能能够连续执行，不需要再编写帧循环结构。与第一种方式相同，最后单击关闭按钮，清理代码。

以上两种方式区别于具体实现方法，但程序本质相同，以 MFC 程序为主线，OSG 负责先加载数据用于建立图形上下文，再渲染更新窗口界面。OSG 与 MFC 的结合框架图如图 5-5 所示。

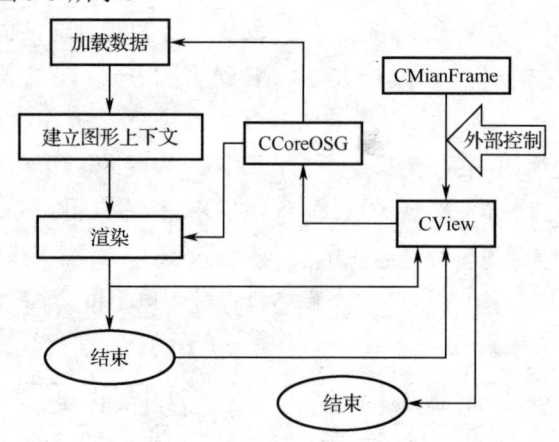

图 5-5　OSG 与 MFC 的结合框架图

## 5.4　OSG 模型构建

OSG 软件对应于 Visual C++平台的场景图形程序开发接口。本次研究利用 OSG 软件实现林木联合采育机机械臂的三维可视化模型搭建。OSG 主要完成对模型的组织、渲染和显示，通过与 MFC 结合，可以实时参数控制模型运动。OSG 模型构建流程如下。

（1）将基于 SolidWorks 三维制图软件绘制出的各个独立模型个体转化成 stl 文件。

（2）将模型文件导入 OSG，用 OSG 渲染，创建组织节点，并获取其参考坐标系。通过确定各节点之间的父子关系即矩阵变换，使其在三维空间中组装成期望的仿真模型。

（3）添加实时更新模块，确保仿真图像流畅显示。

（4）在建立基本的动态三维可视化模型的基础上，通过数据管理模块中的数据进行实时更新，当数据管理模块有数据变动时即会发送更新信号，MFC 单文档程序的视图类窗口即会读取对应的数据进行更新。

## 5.5 采伐作业虚拟仿真软件架构

本节三维采伐作业场景主要包括林木联合采育机本体、林地背景图和目标立木。林地背景图和目标立木通过贴图导入 OSG 中，将 SolidWorks 建立的林木联合采育机实体模型，按照 OSG 模型构建流程，通过 stl 格式导入 OSG 中，完成各虚拟零件的组装，并添加纹理、颜色。目标立木的方位数据来源于第 2 章树林中进行的激光测量实验。

针对采育机的控制任务，将系统分为任务管理、数据管理、路径规划、界面显示四个模块。

图 5-6 所示为软件结构，图中显示了平台主要功能模块及它们之间的关系。下面将对各模块的主要功能及其在整个系统中的作用进行简要介绍与分析。

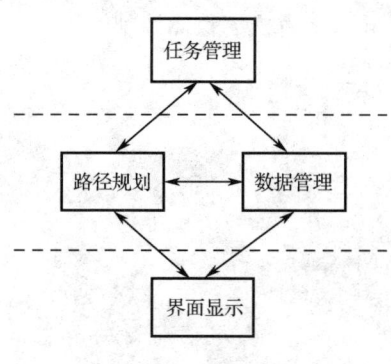

图 5-6 软件结构

任务管理模块，用以完成两大功能，分别为对上层任务的管理，以及任务运行过程中对数据管理模块、路径规划模块的协调与同步。

数据管理模块，由于控制采育机的运动需要处理大量的数据，且存在多个模块处理相同数据的情况，故将整个系统所需要处理的数据分离出来形成一个独立的模块，以便更好地管理数据。数据管理模块主要用来管理规划数据和状态数据，实现数据共享和同步更新。

路径规划模块，通过调用相关路径规划库函数来完成路径规划，只需要向其提供相关的参数即能完成对应的路径规划。路径规划模块完成对所要执行任务的路径问题进行规划并更新数据管理模块中的相关内容。任务管理模块调度它来完成对具体任务的规划。

界面显示模块，主要由两部分组成：仿真模型实时显示和实时信息显示。仿真模型实时显示，在界面上绘制出采育机及其操作环境的仿真模型，使操作人员在对采育机任务执行的过程中有整体的感知。为了能让操作人员更精确地了解到当前采育机的状态，在控制采育机运动的状态下，平台还提供给操作人员一个简单易懂、易操作的控制界面。操作人员可通过控制界面完成对采伐机械臂的控制。

## 5.6　虚拟仿真软件构成

虚拟仿真软件系统是采育机可视化仿真实验平台，本平台为操作人员提供了简洁、易于操作的界面系统。图 5-7 展现了软件运行时的初始状态。本软件操作系统的主体包括采育机仿真及其周围工作环境仿真。操作人员可以通过软件显示的采育机及其周边环境的总体信息规划任务，并在仿真软件执行任务的过程中实时了解采育机的总体运行效果。图 5-7 中右侧部分显示了相关工作界面，操作人员可以通过此界面停靠栏完成针对采育机的整体控制。

图 5-7　软件界面

# 第5章 采伐作业虚拟仿真系统

软件主体控制界面如图 5-8 所示，其控制界面第一层级共分为两大版块。第一大版块为控制面板，如图 5-8（a）所示，其内部又分成几个小版块，包括采伐机械臂主体控制版块、采伐机械臂其余部分控制版块、驾驶室控制板块，以及轨迹显示及消除版块。第二大版块为任务仿真，如图 5-8（b）所示，其内部管理的版块为任务仿真版块。下面具体给出各版块的内容及功能。

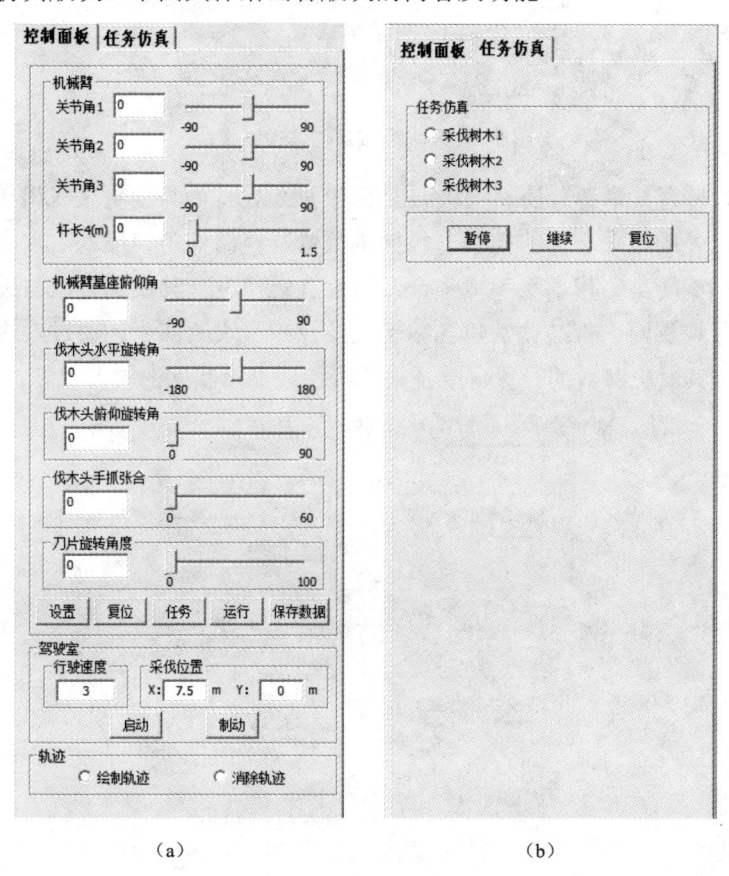

（a）　　　　　　　　　　　（b）

图 5-8　软件主体控制界面

控制面板共分为四个小版块，各版块分别为采伐机械臂主体控制版块、采伐机械臂其余部分控制版块、驾驶室控制版块，以及轨迹显示及消除版块。

采伐机械臂主体控制版块如图 5-9 所示，此版块负责采育机主体采伐机械臂的控制。采育机采伐机械臂的自由度共有四个，包括三个转动关节及一个滑动关节，此版块分别控制采育机采伐机械臂的三个转动关节和一个滑动关节，以实现采育机采伐机械臂的仿真控制。操作者可以在关节参数对应的编辑框内输入相应参数，或是用鼠标拖动滑块改变关节角以达到控制采伐机械臂的目的，使操作人员更加

· 47 ·

方便、快捷且精准地达成控制目标。

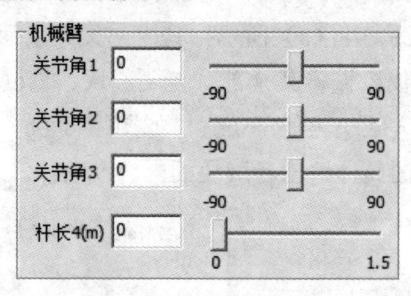

图 5-9 采伐机械臂主体控制版块

  采伐机械臂其余部分控制版块如图 5-10 所示，此版块负责采伐机械臂除四个主体关节以外的相关部分的控制，包括机械臂基座俯仰角、伐木头水平旋转角、伐木头俯仰旋转角、伐木头手抓张合及刀片旋转角度。其控制方法与采伐机械臂主体控制版块相同，都是分别包含编辑框及控制滑块两部分，通过对这两部分的控制来完成其对应参数的设置，以及采育机相应显示状态的设置更新。

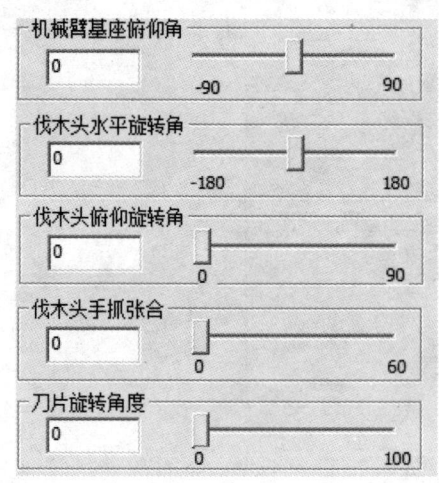

图 5-10 采伐机械臂其余部分控制版块

  通过对以上两个版块的设置，即可将采育机采伐机械臂的全部可控制活动部件的相关参数设置完毕，如图 5-11 所示。版块中的设置按钮起到的作用是将此版块中各个编辑框内的内容进行确认，并将采育机的参数及显示状态进行更新，使其显示状态与参数设置统一。复位按钮是将采育机的参数及显示状态恢复到初始时刻的默认值。在软件运行后，在不改变任何参数的前提下，采育机的显示状态与初始的默认参数保持一致。其后，根据不同的目标对采育机各部分参数进行设置和仿真实验。

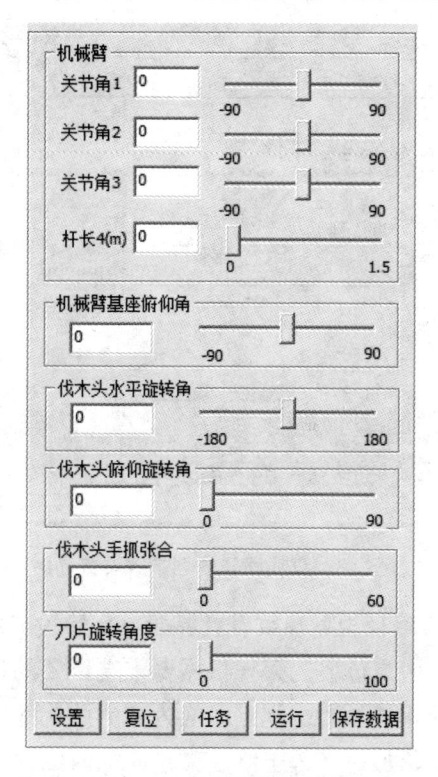

图 5-11  机械臂控制版块

软件有三种规划模式：直线路径规划、圆弧路径规划和关节空间规划，如图 5-12 所示。

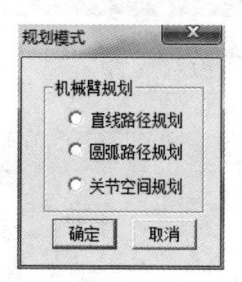

图 5-12  轨迹规划模式选择界面

图 5-13 所示为直线路径规划参数设置界面。初始关节角为采伐机械臂各关节在初始时刻的参数值；终点位姿为采伐机械臂末端位姿的相关参数；规划时间为采伐机械臂完成此次任务的总体时间；加速时间为总体时间内用于起始加速（等于终止减速）的时间。在此模式下，可以通过输入采伐机械臂的初始关节角、终点位姿及相关时间设置完成采伐机械臂的直线路径规划参数设置，求解出采伐机械臂相应运行轨迹，用于任务仿真。

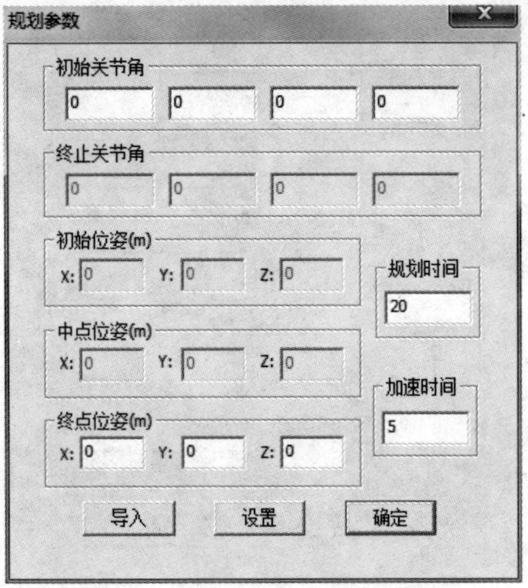

图 5-13 直线路径规划参数设置界面

图 5-14 所示为圆弧路径规划参数设置界面。初始关节角为采伐机械臂各关节在初始时刻的参数值；中点位姿为采伐机械臂末端位姿的相关参数；终点位姿为采伐机械臂末端位姿的相关参数；规划时间为完成此次任务的总体时间；加速时间为总体时间内用于起始加速（等于终止减速）的时间。在此模式下，通过输入采伐机械臂的初始关节角、终止关节角、初始位姿、中点位姿、终点位姿、规划时间和加速时间的参数，求解出采伐机械臂相应运行轨迹，完成仿真验证。

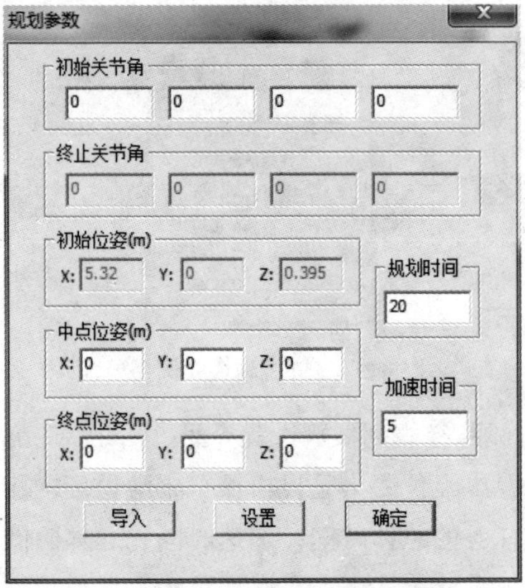

图 5-14 圆弧路径规划参数设置界面

图 5-15 所示为关节空间路径规划参数设置界面。初始关节角为采育机采伐机

## 第5章 采伐作业虚拟仿真系统

械臂各关节在初始时刻的参数值；终止关节角为采育机采伐机械臂各关节在终止时刻的参数值；规划时间为采伐机械臂完成任务的总体时间；加速时间为总体时间内用于起始加速（等于终止减速）的时间。在此模式下，可以通过输入采伐机械臂的初始关节角、终止关节角、初始位姿、中点位姿、终点位姿、规划时间和加速时间的参数，完成采伐机械臂的关节空间路径规划参数设置，以此分析采伐机械臂相应运行轨迹。

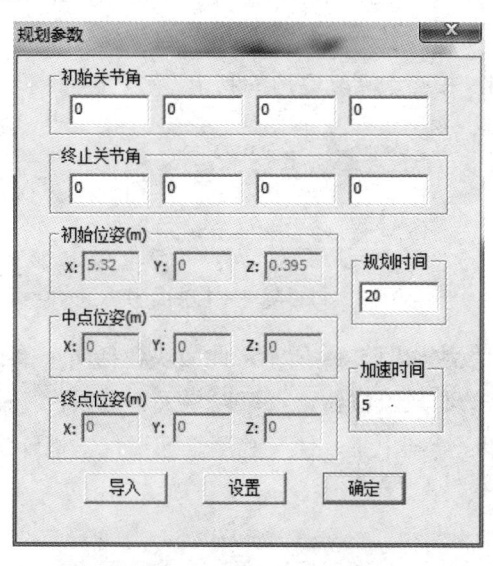

图 5-15　关节空间路径规划参数设置界面

回到采育机采伐机械臂控制版块的介绍中，板块中运行按钮的作用是在将采伐机械臂的任务参数设置完毕之后，单击运行按钮即可使软件开始任务的仿真验证。

板块中保存数据按钮的作用是进行实验相关参数的保存。在单击保存数据按钮后，会弹出数据保存选项模块，其界面如图 5-16 所示。在此模块中，可以进行不同类型的参数保存操作，通过勾选复选框，可以将不同类型的参数同时进行保存。

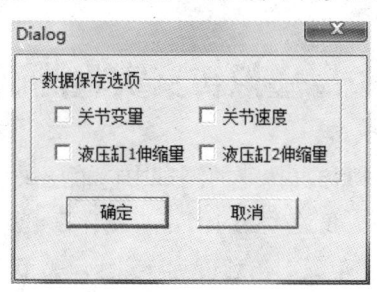

图 5-16　数据保存选项模块界面

通过对采育机采伐机械臂控制版块的运用，可以完成采育机在车身静止的状态下采伐机械臂的控制任务。通过对驾驶室控制版块进行设置，可以完成采育机车身的运动控制。

驾驶室控制版块如图 5-17 所示，此版块包括行驶速度编辑框、采伐位置编辑框、启动按钮及制动按钮。行驶速度编辑框用来设定采育机车身运行时的速度大小；采伐位置编辑框用来设定采育机的行驶终点位置；在完成速度与位置的设定后，单击启动按钮即可以开始采育机车身运动的仿真实验；制动按钮的作用是停止采育机车身的运动，相当于驾驶室内的刹车。

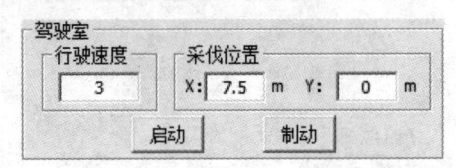

图 5-17  驾驶室控制版块

轨迹显示及消除版块如图 5-18 所示，此版块包括两个单选按钮：绘制轨迹及消除轨迹。通过单击绘制轨迹按钮，就可以将采育机采伐机械臂运动轨迹或采育机车身运动轨迹用红线绘制出来，便于观测。通过单击消除轨迹按钮，可消除采伐机械臂运动轨迹。

图 5-18  轨迹显示及消除版块

在任务仿真版块中，平台会运行预先设置好的三项仿真任务，完成仿真实验。采样任务 1 预置的仿真任务是车身首先由初始点行驶至目标立木附近，之后采伐机械臂开始工作采伐一棵正对车身的树木。采样任务 2 预置的仿真任务是在采样任务 1 的基础上，继续伐木工作。在此任务中，将开始采育机右侧树木的采伐。采样任务 3 预置的仿真任务是在采样任务 2 的基础上，继续伐木工作。

## 5.7  虚拟仿真实验测试

在林木联合采育机虚拟仿真作业的测试中，液压采伐机械臂各关节运动量的约束设置如下：关节 1 最大角速度为 10°/s，关节 2 最大角速度为 20°/s，关节 3 最大角速度为 15°/s，关节 4 最大角速度为 15°/s，关节 5 最大速度为 0.2m/s。各关节和液压缸的运动范围约束设置如表 5-1 和表 5-2 所示。

## 第5章 采伐作业虚拟仿真系统

表 5-1 各关节运动范围约束

| 关节 $i$ | 1 | 2 | 3 | 4 | 5 |
|---|---|---|---|---|---|
| 范围 | 0°～60° | -75°～75° | -60°～0° | -20°～60° | 0～2m |

表 5-2 各液压缸运动范围约束

| | 俯仰液压缸 $L_{AB}$ | 主液压缸 $L_{CM}$ | 副液压缸 $L_{DE}$ |
|---|---|---|---|
| 范围 | 0～0.30m | -0.48～0.10m | -0.35～0.10m |

在每一个控制周期内，可计算获得虚拟立木相对伐木头的位置和方位角，以模拟立木激光测量的数据。采用连续采伐目标立木验证自主轨迹规划与控制方法作业，伐木头在目标立木间转移时采用了直线和圆弧的规划方法。

在图 5-19（a）～（h）中白线表示伐木头在作业过程中的运动轨迹。在图 5-19（a）中，虚拟的联合采育机运动至固定点，在此固定点目标立木处于采伐机械臂可达范围内。在图 5-19（b）中，伐木头基于自主轨迹规划与控制方法由 $A$ 点移动至 $B$ 点，并完成立木捕获。在图 5-19（c）中，伐木头完成目标立木的伐倒作业。在图 5-19（d）中，伐木头将立木由 $B$ 点移动至 $C$ 点，并进行打枝和截段作业。在图 5-19（e）～（f）中，伐木头采用直线和圆弧的规划方法，由 $C$ 点移动至 $D$ 点。在图 5-19（g）中，自主控制算法用于捕获另一株立木；在图 5-19（h）中，伐木头伐倒目标立木并继续执行后续操作。

图 5-19 实时动态仿真系统

(e)　　　　　　　　　　　　　　　(f)

(g)　　　　　　　　　　　　　　　(h)

图 5-19　实时动态仿真系统（续）

在此过程中，俯仰液压缸保持静止，即关节 1 的角速度为 0，关节 2～关节 5 的位移变化如图 5-20～图 5-23 所示。

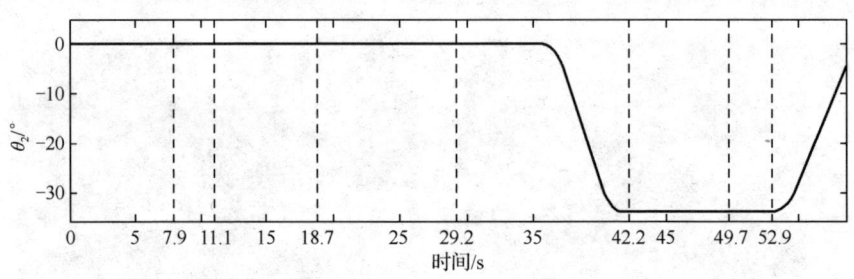

图 5-20　关节 2 的位移

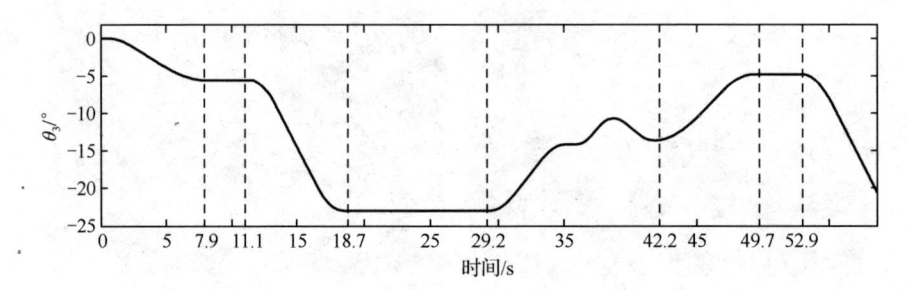

图 5-21　关节 3 的位移

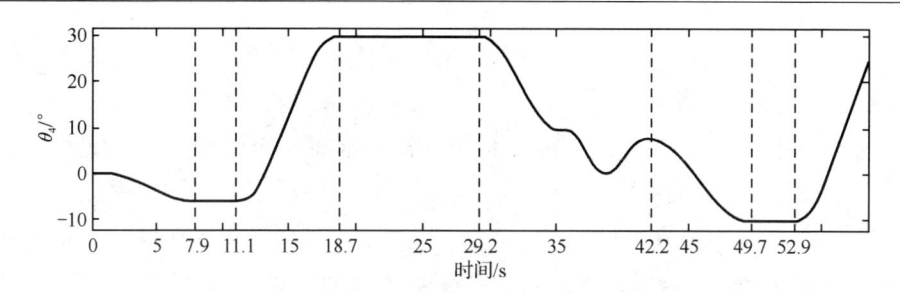

图 5-22 关节 4 的位移

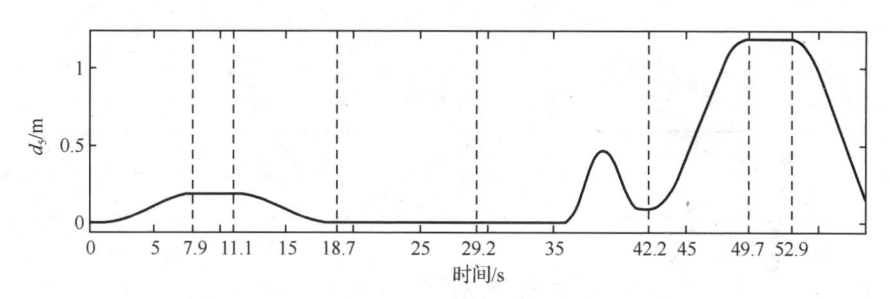

图 5-23 关节 5 的位移

前车架液压缸和伸缩液压缸的运动等于 $\theta_2$ 和 $d_5$。主液压缸和副液压缸的位移如图 5-24 和图 5-25 所示。

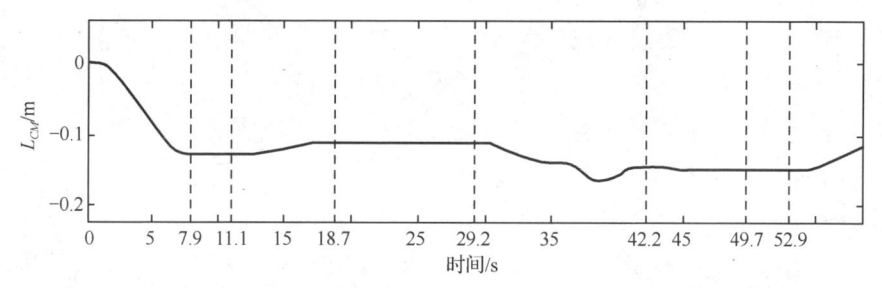

图 5-24 主液压缸的位移

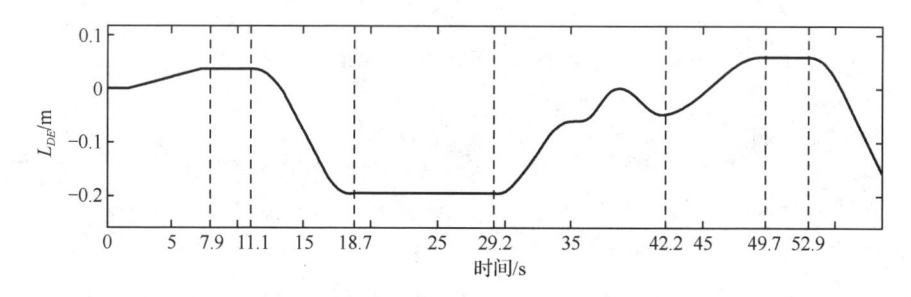

图 5-25 副液压缸的位移

在图 5-20～图 5-25 中，在 0～7.9s 时，自主控制算法用于捕获立木［见

图 5-19（b）]；在 7.9～11.1s 时，液压采伐机械臂保持静止，伐木头完成目标立木的采伐作业［见图 5-19（c）］；在 11.1～18.7s 时，伐木头将立木由 $B$ 点移动至 $C$ 点［见图 5-19（d）］；在 18.7～29.2s 时，液压采伐机械臂保持静止，伐木头完成打枝和截段作业；在 29.2～42.2s 时，伐木头移动到接近另一株立木的 $D$ 点［见图 5-19（e）～（f）］；在 42.2～49.7s 时，自主控制算法用于捕获另一株立木［见图 5-19（h）］；在 49.7s 时，伐木头伐倒目标立木并继续执行后续操作［见图 5-19（g）］。在此过程中，第 2～5 关节的最大角速度由表 5-3 给出。所有关节没有超限且液压缸运动平滑。

表 5-3　各关节最大角速度

| 关节 $i$ | 2 | 3 | 4 | 5 |
|---|---|---|---|---|
| 最大角速度 | 8.50°/s | 3.64°/s | 8.04°/s | 0.15m/s |

## 5.8　本章小结

本章首先分析了 OSG 的特点和体系结构，阐述了软件运行的原理；其次，介绍了 OSG 与 MFC 结合的优点和原理，以及 MFC 在本设计中的应用。本章采用此种方法对林木联合采育机虚拟仿真系统交互控制；最后，对 OSG 构建林木联合采育机模型的流程进行具体分析。

本章基于 Visual C++平台和 Open Scene Graph 三维图形引擎开发了林木联合采育机作业虚拟仿真实验系统，该系统包含林木联合采育机多自由度液压采伐机械臂的数学模型，可输入控制参数和指令，并实时显示和保存运动信息，该系统可以开展液压采伐机械臂的作业轨迹规划与控制策略理论研究。本章使用该仿真系统验证了轨迹规划与控制仿真的正确性。

## 5.9　习　　题

（1）基于 Visual C++平台和 OSG，以北京林业大学研制的林木联合采育机为例，设计林木联合采育机作业虚拟仿真系统，要求包含基本采伐场景和常用控制按钮。

（2）基于 Visual C++平台和 OSG，在上述仿真系统中建立 10 棵不同直径、不同高度的树木模型，并完成采伐机械臂对目标立木的伐倒和截材。

# 第 6 章  采伐虚拟驾驶仿真系统架构

## 6.1  系统功能需求分析

林木联合采育机采伐虚拟驾驶仿真系统的开发以实现林木联合采育机驾驶培训为主要目的，需要给驾驶学员带来逼真的驾驶体验并且满足采伐训练的科目要求。林木联合采育机采伐虚拟驾驶仿真系统由物理模拟、驾驶培训场景及功能模拟、交互控制功能和软件人机界面四个功能模块构成，这也是与其他同类林业机械模拟器相区分的关键要素。

### 6.1.1  物理模拟

在现实世界，每个物体都会受到物理惯性的作用。为了体现逼真的采伐操作环境，林木联合采育机和树木等模型在虚拟场景中需要受到重力和摩擦力的作用。虚拟林木联合采育机需要随着地形的起伏而做出相应的反应，同时，虚拟打枝造材环节中，虚拟的树木需要受到重力作用掉落到地面。当然，现实世界的物理系统太过复杂，将现实世界中的物理系统照搬到虚拟环境中是不现实的，只需要将几个关键要素，如重力、摩擦力、刚体等引入虚拟环境中，形成一个简化版的物理系统，就能给用户带来较为逼真的虚拟驾驶体验。

### 6.1.2  驾驶培训场景及功能模拟

林木联合采育机驾驶学员在操作真实林木联合采育机进行采伐作业前，必须进行相关的专业驾驶培训，学习相关理论知识，一般需要培训长达六个月左右才能成为一名合格的林木联合采育机驾驶人员。传统的培训方法一般只能让培训人员固定在一台机器上进行相关练习，而且练习的林地环境也比较单一，无法满足驾驶学员培训对多种复杂林地环境下的培训要求。为了解决传统的培训方法的不足和满足林木联合采育机驾驶培训的科目要求，按难易程度构建了 3 个驾驶培训场景，具体如下。

（1）基础训练场景。该场景主要是为了让刚接触林木联合采育机的新手熟悉林木联合采育机的基础操作，如林木联合采育机的启动、伐木头的控制等。虚拟训练场景设置简单，场景内是一片空旷平坦的草地。

（2）简单林区环境。该场景内主要包含无法砍伐的树木、可砍伐的树木和平坦的草地。驾驶学员主要利用这个场景进行中级驾驶训练和采伐作业训练。

（3）复杂林区环境。为了让驾驶学员体验到复杂的林区环境，该场景设定了各种不同程度的坡、沟渠、灌木丛等有一定挑战性的作业环境。驾驶学员主要利用这个场景锻炼在复杂林区环境下的驾驶技能和采伐作业技能。

### 6.1.3 交互控制功能

仿真系统会实时根据驾驶学员的操作指令给出相应的反馈，这是林木联合采育机采伐虚拟驾驶仿真系统的核心。根据交互控制功能的需求，将交互控制功能分为林木联合采育机的常规操作功能、多视角切换功能、采伐机械臂及采伐头控制功能，具体如下。

（1）林木联合采育机的常规操作功能：驾驶学员可以通过方向盘、脚踏板、挡位杆控制虚拟林木联合采育机的驾驶，如前进、后退、转弯等基本操作，六自由度动感运动平台可以接收视景系统发送的虚拟林木联合采育机的姿态数据，与虚拟场景里的林木联合采育机的运动姿态保持一致，实现人机交互。

（2）多视角切换功能：视景系统提供了两个视角，包括第一人称视角和第三人称跟随视角。通过实现多视角的切换，使驾驶学员可以多角度观测林木联合采育机运动状态和采伐作业操作。

（3）采伐机械臂及采伐头控制功能：通过使用控制手柄来控制虚拟林木联合采育机的机械臂联动和采伐头的协调运动，从而完成采伐作业训练。

### 6.1.4 软件人机界面

林木联合采育机采伐虚拟驾驶仿真系统内容庞大，需要一套简洁的用户界面方便驾驶学员快捷入门使用。本节设计了一套友好易用的人机界面，层次清晰，驾驶学员能够根据所在人机界面知道自己的任务，能够快速熟悉采伐虚拟驾驶仿真系统的各项功能和操作方法。各个人机界面的具体划分如下。

（1）开始界面：主要用于驾驶学员登录，并且包含注册功能，只有验证登录成功，驾驶学员才能进入林木联合采育机虚拟训练系统。

（2）虚拟场景选择界面：驾驶学员可根据自己的训练需求选择相应的场景进行练习。该软件可以提供基础、简单和复杂三种场景进行模拟练习。

（3）程序主界面：驾驶学员在该界面下进行林木联合采育机虚拟驾驶和各项采伐作业训练。

（4）系统设置界面：在该界面下，林木联合采育机驾驶学员可以对虚拟驾驶训练系统进行基本设置，如虚拟林木联合采育机运行时的声音大小、选择方向盘等硬件操控或利用键盘操控等。

## 6.2 系统架构

### 6.2.1 软硬件整体架构

林木联合采育机采伐虚拟驾驶仿真系统主要由驾驶操作系统、主控计算机、视景系统和动感平台控制系统组成，如图6-1所示。

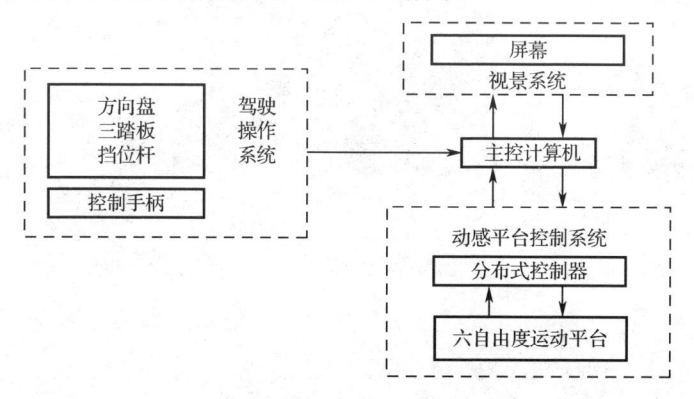

图6-1 采伐虚拟驾驶仿真系统架构框图

驾驶操作系统由方向盘、三踏板、挡位杆和两个控制手柄组成，以实现林木联合采育机的虚拟驾驶和采伐作业操作。视景系统主要由可以显示虚拟驾驶场景的硬件屏幕和3D虚拟采伐软件构成。主控计算机的功能是获取驾驶操作系统的信号，运行虚拟驾驶场景软件，向动感平台控制系统发送视景系统中林木联合采育机的各个运动姿态信息。六自由度运动平台的运动则由动感平台中的分布式控制器控制，可以逼真模拟林木联合采育机在作业过程中的振动和倾斜。

### 6.2.2 硬件选型

驾驶学员的采伐作业操控通过硬件将信号传入视景系统，以获得在真实林木联合采育机上操作一样的体验。林木联合采育机采伐虚拟驾驶仿真系统硬件主要由驾驶操作台、采伐操控台和六自由度运动平台等几部分组成，如图6-2所示。

驾驶操作台采用Fanatec公司的专业可编程方向盘ClubSport Wheel Base V2套装，包含方向盘、三踏板（油门、制动器、离合器）及挡位杆等输入设备。方向

· 59 ·

盘的最大绝对旋转角度为 900°，可以给驾驶学员带来力反馈的逼真驾驶体验。可编程方向盘通过 USB 接口与计算机相连，使用 Unity3D 提供的输入接口来实现方向盘与计算机的通信，可以传输可编程方向盘的转角、三踏板位置及挡位杆位置等数据。

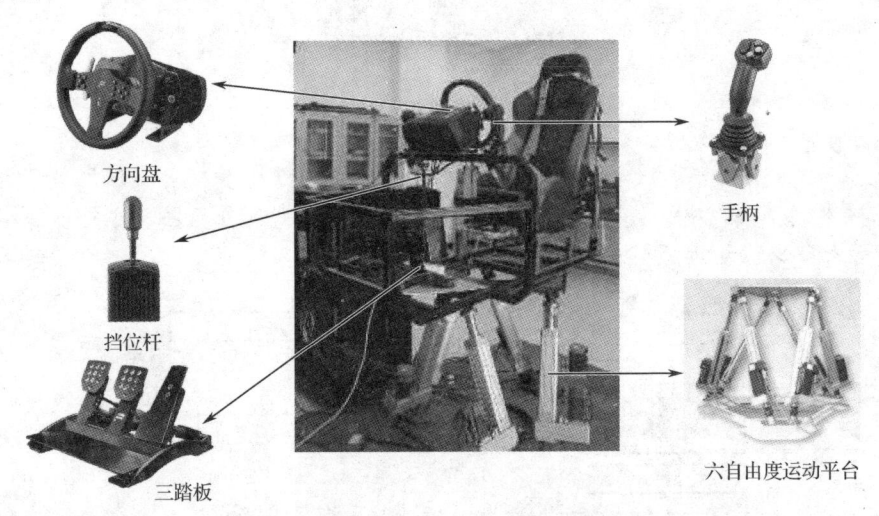

图 6-2 采伐虚拟驾驶仿真系统的硬件构成

采伐操控台使用 Penny Giles 公司生产的可编程手柄 JC600，采用了双轴配置，配置了非接触霍尔效应传感器和长寿命电位计轨道，满足驾驶操作系统对手柄的强度、可靠性和操控功能的要求。可编程手柄的控制信号由 CAN 总线信号输出，通过 ZLG 公司的 CAN 总线模块获取手柄上各个按钮的状态数据。

采伐虚拟驾驶仿真系统的底座采用了 HollySys 公司的六自由度并联运动平台，可以模拟采伐作业的振动和倾斜。该运动平台采用了高性能、低能耗的线性伺服执行器代替气动或液压系统驱动，最大振动频率为 10Hz，最大加速度为 1.0G。该运动平台通过以太网进行控制，操作简单，响应速度快，可为驾驶学员提供真实动感的仿真驾驶体验。

### 6.2.3 软件选型

林木联合采育机采伐虚拟驾驶仿真系统需要还原大型林用自行式机械在人工林场景行驶作业的情景，需要涉及大量 3D 建模和可视化开发。目前市面上有较多自由及开源或者商用 3D 开发引擎可供选择，如虚幻 4（Unreal Engine 4）、Unity3D、Cry Engine 系列、寒霜引擎、Snowdrop 引擎、Gamebryo、Torque 3D，以及 Hero Engine 等。虚幻 4 和 Unity3D 是最为主流且市场占有率最高的两款引擎，而且两家公司

## 第 6 章　采伐虚拟驾驶仿真系统架构

为校园用户推出了针对高校及学术机构使用的免费版本。虚幻 4 相比 Unity3D 渲染能力更为强大，支持 NVIDIA 3D、APEX、DirectX 和 PhysX 技术，虚幻 4 能够打造极为逼真的画面，适合应用于对图像渲染处理要求较高的项目，如影视后期、3A 游戏大作和 VR 演示等，并采用 C++开发语言。Unity3D 支持 C#与 JavaScript 脚本编译，学习和开发效率较高，支持跨平台开发，扩展性强，插件资源丰富，调试和打包非常容易，可以将开发的内容一键发布到 Windows、WebGL、Wii、iPhone、Mac、以及 Windows phone 和 Android 等多个平台。综合考虑开发效率和兼容性，林木联合采育机采伐虚拟驾驶仿真系统采用 Unity3D 为开发引擎。

　　Unity 起始于丹麦，公司总部位于美国旧金山，是全球最大的 3D 引擎开发商之一，自 2005 年发布 Unity1.0.1 以来历经多个版本迭代，功能已经相当成熟和完善，它秉承了所见即所得的开发理念，不同于传统的开发引擎只提供开发者单纯的源代码而不提供游戏界面，Unity3D 将编辑器和开发引擎结合在一起，以可视化开发的方式节省了大量编辑代码的时间，同时丰富的接口可以拓展数据库、动态链接库，方便数据库开发、外部硬件设备通信等工作进行。

　　图 6-3 所示为 Unity3D 开发界面，它是一个可视化编辑器，用户做的每一步操作在 Unity3D 编辑器中都可以看到效果。为了方便开发人员的开发，Unity3D 封装了大量开发人员经常用到的类库，只需要编写少量代码就能实现想要的功能，在很大程度上减轻了开发人员的工作量，Unity3D 开发人员只需要将精力放在核心功能的实现上。

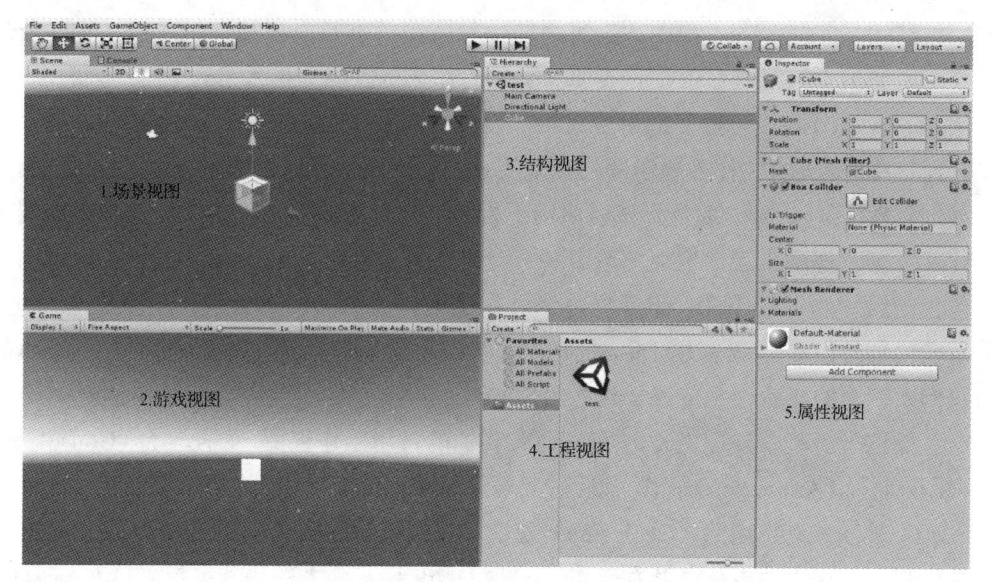

图 6-3　Unity3D 开发界面

Unity3D 工作区提供了五大视图：场景（Scene）视图、游戏（Game）视图、工程（Project）视图、结构（Hierarchy）视图、属性（Inspector）视图。

场景（Scene）视图：提供了用户自由的视角，通过导航栏的六个按钮可以对场景中的游戏对象进行拖动、旋转、缩放等操作，在进行项目开发的过程中往往需要多个场景相互配合。坐标控制器位于视图的右上角，单击图标上的 X、Y、Z 三个字母可以控制场景视图的视角朝向，下面的 Persp 代表透视模式，特点是近大远小，即在该模式下，距离屏幕近的物体显示较大，距离屏幕远的物体显示较小，是一种贴合人眼视角的模式，点击后可以切换至 Iso（平行视野）模式，也就是无论距离屏幕远近，同样的物体看起来是一样大的。

游戏（Game）视图：该视图下展现了项目的最终运行效果，所有展示的内容都需要摄像机去呈现，除主摄像机（Main Camera）外，还有其他的场景摄像机和 UI 摄像机等，调整摄像机的渲染深度来实现最终的渲染顺序，点击导航栏视图的运行按钮就可以进入游戏视图模式，需要注意的是，运行在此模式下对场景的任何修改都是临时的，退出此模式后将会还原为原来的状态。

工程（Project）视图：项目所有的资源全部都会存放在此视图，它包括由 Unity 内部创建的资源和由外部导入的资源，虚拟采伐作业所需的模型资源、音效资源、图片资源大部分都是从外部导入的，可以在此窗口对资源进行管理和搜索。Assets 是存放资源的主文件夹，开发人员可以在下面建立新的子文件夹来分别管理脚本、场景、材质、预置体等。

结构（Hierarchy）视图：工程视图中的资源并不是全部都会出现在最终的游戏中，如果希望某些对象在游戏中被引用，那么可以将其拖入 Hierarchy 面板中，Hierarchy 同样可以创建新的游戏对象，如 3D Object、2D Object、UI、Camera 等，处理这些对象时，往往需要明确的父子关系，因此 Hierarchy 视图也称为层次视图。

属性（Inspector）视图：该窗口用于编辑和保存游戏对象及游戏资源参数或属性，在场景视图或者结构视图选中某一对象或者资源时，Inspector 面板会展现它包含的组件和详细属性。组件栏是属性视图非常重要的一个部分，一般将 Unity 系统内部提供的脚本称为组件，将开发人员自行创建的 C#程序称为脚本，实际上，我们所编写的脚本也是依赖于这些组件的。

除这五个基本视图之外，Unity 还有其他的常用工作视图，如控制台（Console）视图、动画（Animation）视图、动画控制器（Animator）视图、光照贴图烘焙（Light maps）视图、遮挡剔除（Occlusion）视图，以及资源商店（Asset Store）等，这些功能视图都极大地方便了开发工作，同时 Unity 还有强大的物理系统，这对于 3D 动态仿真研究十分有帮助。

## 6.3 本章小结

本章对林木联合采育机采伐虚拟驾驶仿真系统进行了功能需求分析,阐述了整个系统的架构,从软、硬件两个方面对整个系统展开了详细论述,并对虚拟现实引擎 Unity3D 进行了介绍。

## 6.4 习　　题

(1) 说明林木联合采育机模拟驾驶训练系统的软件和硬件构成。

(2) 查阅资料,说明 CAN 总线在林木联合采育机模拟驾驶训练系统中的作用和工作原理。

# 第 7 章  采伐虚拟驾驶仿真场景构建

## 7.1 引　　言

采伐虚拟驾驶仿真场景的构建是实现林木联合采育机采伐虚拟驾驶仿真系统的基础,仿真系统的逼真程度直接受采伐虚拟驾驶场景模型质量高低的影响,因此采伐虚拟驾驶仿真场景的建模工作至关重要。

## 7.2 采伐虚拟驾驶仿真场景分析

林木联合采育机采伐虚拟驾驶仿真系统是一种实时仿真系统,场景规模和元素种类较多。采伐虚拟驾驶仿真场景的模型主要分为以下五种。

(1) 地形地貌模型:整个虚拟场景的基础,决定了虚拟场景环境的基调。

(2) 地面模型:主要包括建筑物、花草树木、河流、石头等。

(3) 受控实体模型:通过人机交互控制的林木联合采育机模型。

(4) 特效模型:主要包括场景中的雨、雪和天空盒。

(5) 声音模型:主要由背景音乐、树叶声音、林木联合采育机发动机轰鸣声、喇叭鸣笛声和刹车的制动声音等组成。

采伐虚拟驾驶仿真系统的虚拟场景主要由大量的三维物体模型和二维物体模型组成。如果不对虚拟场景模型进行分类处理,那么在场景中找到某个模型会很困难,增加了开发的难度。为了方便管理场景,场景中的模型需要结构清晰明显的分层管理,使整个虚拟驾驶训练系统满足实时运行的要求。在采伐虚拟驾驶仿真场景三维模型的层次结构划分中,按照以下原则进行划分。

(1) 对软、硬件平台的要求:在开发林木联合采育机采伐虚拟驾驶仿真系统之前,首先需要掌握整个系统的软、硬件平台的相关性能情况,以利于控制模型的面片数量,达到质量最优,从而在模型质量和软、硬件限制方面达到一个平衡,最大限度提高系统的沉浸感和真实性。

(2) 对场景模型的精细度要求:整个系统的场景模型数量庞大,如果对每个模型都精细建模，那么非常消耗计算机资源，所以要对模型进行一个优先级的分类。不同优先级的模型它们的精细度不一样，如对于林木联合采育机，它是整个虚拟驾驶训练系统的主要载体，就需要对它进行精细建模，而一些石头和一些背景树则不必有较高的精细度。

（3）划分层次结构的精细度要求：在建模过程中，会对不同的场景模型划分不同的层次结构。场景的模型层次结构划分太精细会使建模的工作量增加，也会影响系统运行的流畅程度；场景的模型层次结构划分太粗则会显得场景凌乱，不利于场景模型的管理和调度。

（4）根据场景模型的特点选择合理的建模方式：场景中静态模型可以批量建模，不需要与其他物体发生交互，主要包括地形地貌模型、植物模型、灯光模型和建筑模型等。动态模型需要与其他物体实现交互，主要包括林木联合采育机模型、树木模型、声音模型、天气模型等。动态模型必须单独建模，否则会互相干扰，如此才能确保当用户控制动态模型运动时其他模型不会受到影响。

根据以上原则，林木联合采育机采伐虚拟驾驶仿真系统的虚拟场景模型结构层次图如图 7-1 所示。

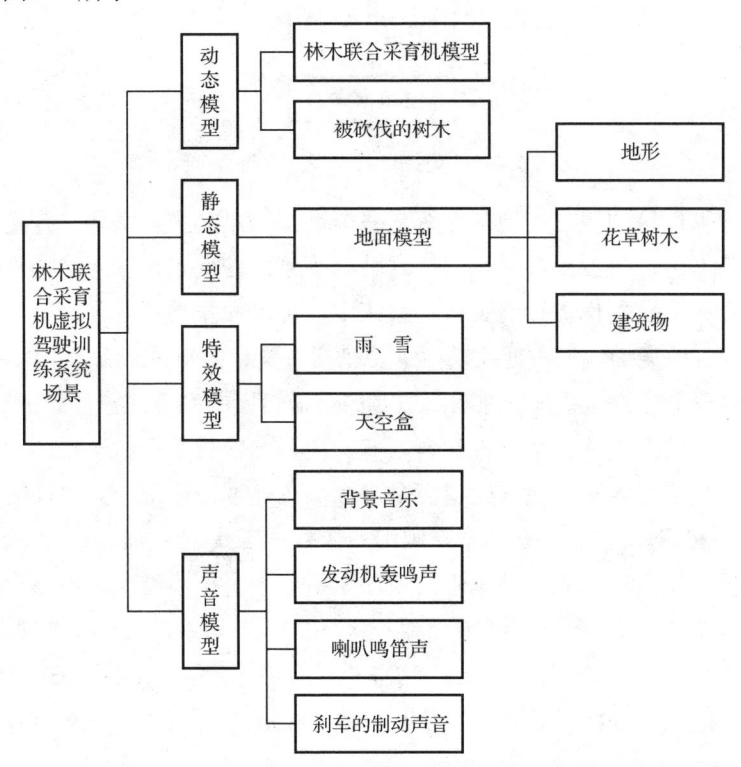

图 7-1　林木联合采育机采伐虚拟驾驶仿真系统的虚拟场景模型结构层次图

## 7.3 虚拟场景模型建立过程

林木联合采育机采伐虚拟驾驶仿真系统的虚拟场景主要由大量的三维物体模型和二维物体模型组成。三维物体模型主要采用 SolidWorks 和 3DSMAX 进行建模，如林木联合采育机的各个部件的模型。二维物体模型，如草地的贴图和天空盒等利用图片处理软件 Photoshop 进行相关处理。所有的物体模型在 Unity3D 中集成，组成整个林木联合采育机采伐虚拟驾驶仿真系统的复杂场景。

虚拟场景模型的建立过程分为五个阶段，如图 7-2 所示。

```
地形地貌的建立
    ↓
纹理素材的准备
    ↓
物理模型的建立
    ↓
模型的纹理贴图
    ↓
模型集成
```

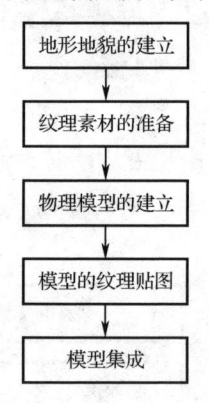

图 7-2 虚拟场景模型建立过程

（1）地形地貌的建立：地形地貌是整个虚拟场景的主要载体，是建立整个虚拟场景的第一步，需要根据采伐虚拟驾驶训练系统的要求设置地形的整体轮廓。在林木联合采育机采伐虚拟驾驶仿真系统中，可以根据虚拟驾驶训练困难度的要求设置不同复杂度的地形，地貌模型主要包括石头、山川、河流、草地和树木等。

（2）纹理素材的准备：纹理贴图质量的高低直接关系着虚拟场景的逼真程度，从而影响系统的沉浸感。在进行建模之前，需要准备相应的纹理贴图素材，如林木联合采育机、树木和草地等模型需要进行贴图处理，虚拟场景贴图格式主要采用 JPG 和 PNG 两种格式，贴图素材则用图像处理工具 Photoshop 进行处理。

（3）物理模型的建立：场景中的物理模型分为三维模型和二维模型，对于不同的模型的精细度要求不一样。在三维模型的建模过程中，应该考虑硬件的性能，对模型的精细度进行一定的取舍。物理模型的建模工具主要是 SolidWorks 和 3DSMAX，模型经过相应处理之后导出为.FBX 格式，再导入 Unity3D 中，可以在 Unity3D 平台上对模型进行调度管理。

（4）模型的纹理贴图：纹理贴图是一种用于在计算机生成的图形或 3D 模型上定

义高频细节、表面纹理或颜色信息的方法。复杂的物体表面可以使用纹理贴图完整、清晰、真实地表现出来（李安定，2006）。通过使用纹理贴图，能够有效减少场景模型的三角面片数量，开发人员的建模作业量从而得到降低，建模所花费的时间有效缩短并减少了计算机计算资源的开销。一个三维模型可以对应多套纹理贴图，如树木模型，可以创建杨树、柳树等贴图库，选择相应的贴图来获得对应的三维模型。

（5）模型集成：将所有建立好的仿真模型导入和集成到 Unity3D 中，通过合理布置，完成林木联合采育机采伐虚拟驾驶仿真系统的虚拟场景的搭建。

## 7.4 模型建立

### 7.4.1 林木联合采育机模型建立

林木联合采育机的建模是整个虚拟驾驶训练系统的基础和关键。训练人员直接与林木联合采育机的虚拟模型进行交互，完成相关训练。如果林木联合采育机模型质量低，则整个虚拟场景的逼真度和沉浸感会大打折扣，给驾驶学员的直观感受带来负面影响。因此，林木联合采育机模型需要进行精细建模，模型建立过程如图 7-3 所示。

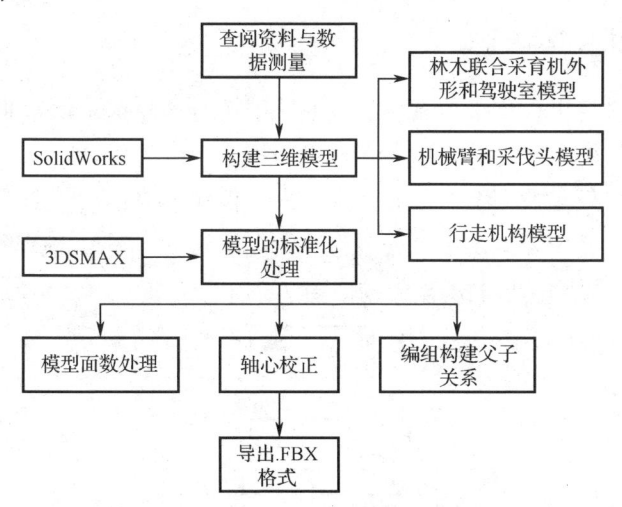

图 7-3  林木联合采育机模型建立过程

林木联合采育机主要由车体、机械臂和采伐头三个部分组成。车体可以细分为驾驶舱、底盘和履带。机械臂可以细分为动臂、斗杆、液压缸。采伐头可以细分为夹抱机构、刀锯、滚轮和各种连杆机构。SolidWorks 在机械建模方面有较大优势，对于初学者比较友好，因此采用 SolidWorks 建模软件对林木联合采育机进行精细化建模。通过 3DSMAX 软件对模型进行标准化处理，如模型面数处理、轴心校正、编组构建父子关系等，最后导出为.FBX 格式。林木联合采育机模型如图 7-4 所示。

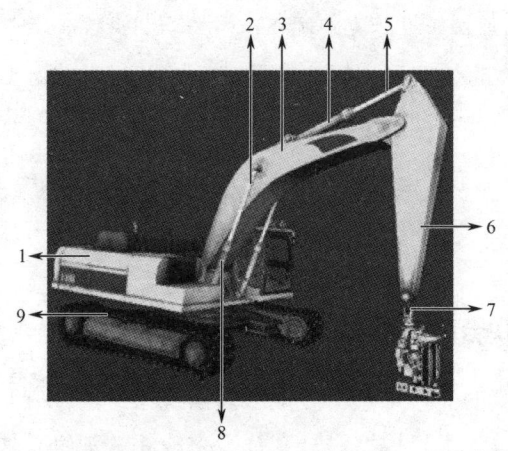

1—车体；2—动臂缸活塞杆；3—动臂；4—动臂缸筒；5—斗杆缸活塞杆；
6—斗杆；7—采伐头；8—动臂缸筒；9—履带

图 7-4　林木联合采育机模型

### 7.4.2　树木模型建立

林木联合采育机采伐虚拟驾驶仿真系统的核心是虚拟采伐作业训练，实现虚拟采伐作业训练的难点是林木联合采育机与树木模型的仿真交互，树木模型的质量决定了虚拟采伐作业训练的品质。虚拟采伐作业主要包括两个步骤：打枝和造材。树木模型的建模要满足虚拟采伐作业实现的要求，需要先提前规划好树木模型的结构层次。树木模型的层次结构如图 7-5 所示。

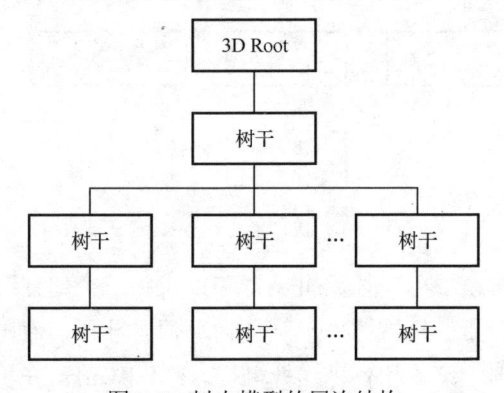

图 7-5　树木模型的层次结构

虚拟场景中所有与林木联合采育机发生交互的树木模型都按照图 7-5 的层次结构进行建模，结合系统对树木模型的精细度要求，利用 3DSMAX 软件建成树木模型库，如图 7-6 所示。

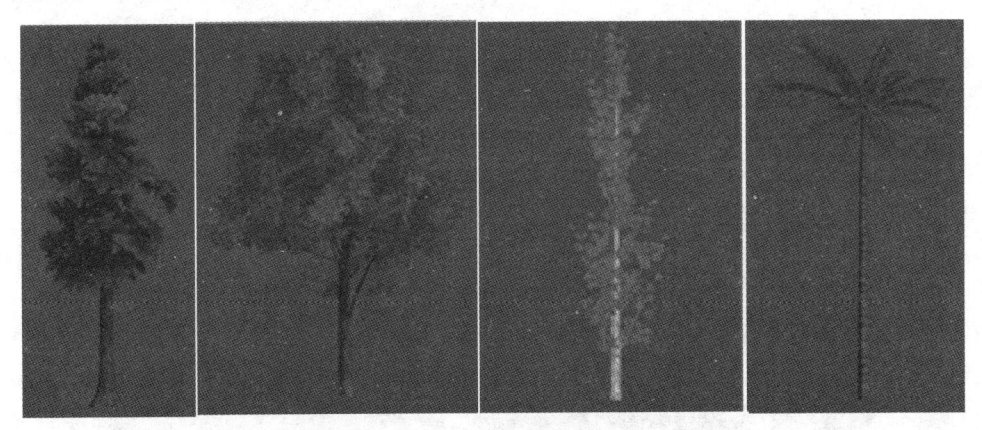

图 7-6　树木模型库

### 7.4.3　地形地貌模型建立

虚拟采伐环境的基础是搭建整个虚拟场景的地形地貌。在 Unity3D 软件中，可以采用软件内部的地形组件工具或者利用图片处理软件 Photoshop 编辑地形高度图，然后导入 Unity3D 中生成地形的办法来编辑地形（刘桂阳、李媛媛等，2015）。两种方法各有优势，高度图导入的方法适合创建较大场景，方便快捷，而使用内置地形工具的方法在创建大场景上较困难，适合于完善地形细节和进行局部修改。虚拟采伐环境的地形地貌的建立结合采用了这两种方法。

Unity3D 有一个强大功能的地形编辑组件，能够用它绘制出山峰、峡谷、洼地、平原等各种地形。用户想在地形上添加花草树木等植被，Unity3D 的地形组件也能做到，而且可以做到批量种植，节省了用户大量的时间。Unity3D 中的地形组件同样支持 LOD（Level Of Detail）功能，当计算出的虚拟场景中的物体与摄像机的位置之间的距离超过一定数量时，会减少细节的精细度，在保证虚拟场景真实的情况下又不影响性能。

（1）创建地形模型。

地形对象可通过图 7-7（a）方式创建并添加到当前场景中。初始化的地形对象是一个默认尺寸 500×500 的矩形，如图 7-7（b）所示，使用鼠标可以选择场景中已添加的地形对象。地形检视窗口提供了许多可用于创建详细景观特征的工具，如图 7-7（c）所示。

(a)

(b)

(c)

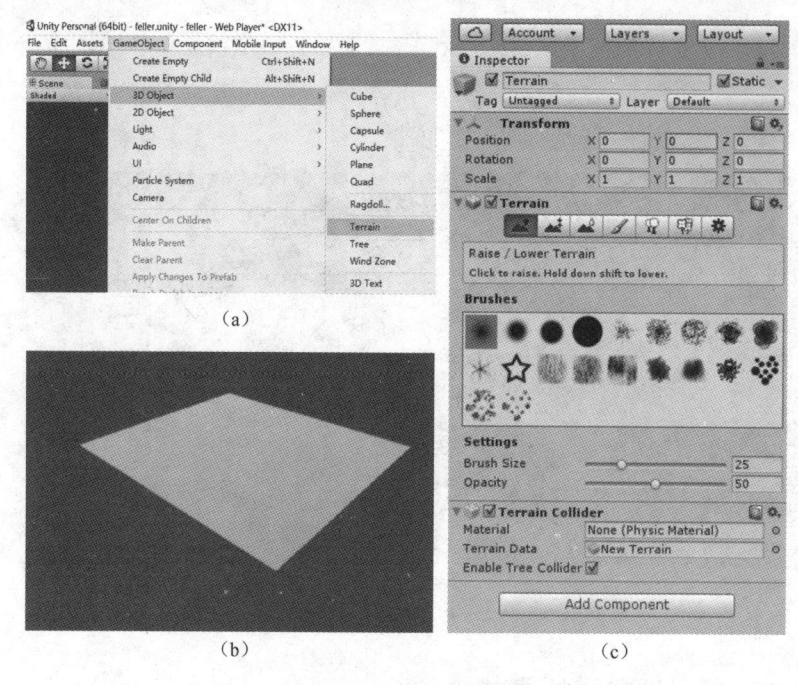

图 7-7　地形创建

如图 7-8 所示,地形组件提供了许多和地形有关的绘制工具,每个工具都有其特定的功能,地形组件工具栏上的前三个工具主要作用是编辑地形的高度。

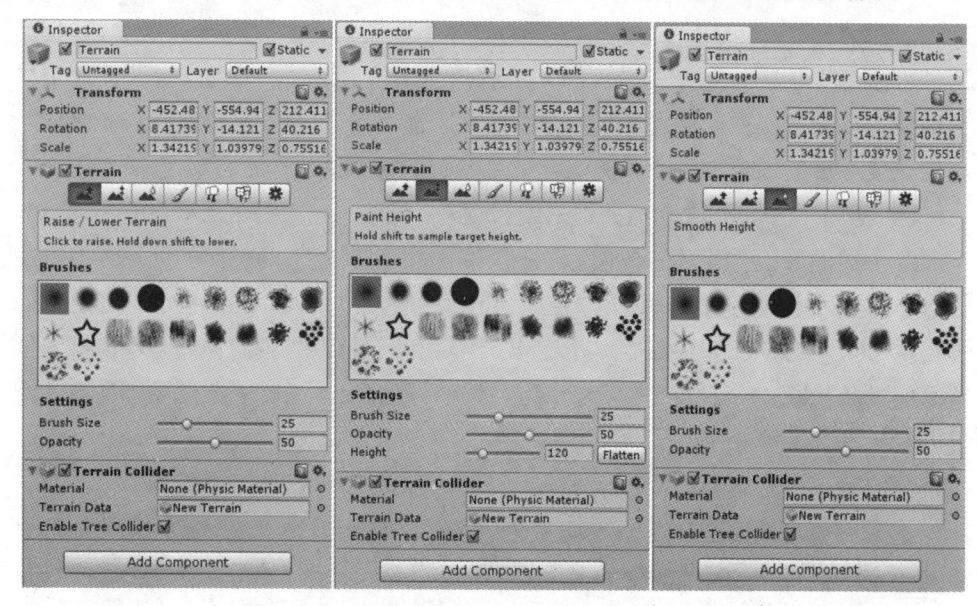

图 7-8　地形高度绘制按钮

## 第 7 章　采伐虚拟驾驶仿真场景构建

![图标]是地形高度绘制按钮，可以使地形升高或降低。当开发人员使用此工具进行绘制时，将鼠标扫过地形，高度会增加。如果将鼠标持续放在一个位置，那么地形高度会不断累计。如果想让地形高度降低，则只需要将鼠标放置在目标区域按住 Shift 键就可以实现。

![图标]也是地形高度绘制按钮，可以直接设置目标高度。当用户在物体对象上用笔刷绘制时，超过该地形高度的地方会下降，低于该地形高度的地方会升至与目标同一高度。开发人员可以利用"高度"属性滑块手动设置目标高度，或者可以在地形上按住 Shift 键单击鼠标左键以在目标位置对高度进行采样（与图像编辑器中的"吸管"工具相似）。Height 属性旁边是一个 Flatten 按钮，可以将整个地形简化为所选的高度。

![图标]是平滑高度按钮，该工具不会显著提高或降低地形高度，而是平滑附近的区域，这使场景变得柔和，并减少了突变的出现。

地形绘制工具主要以笔刷绘制的形式来使用，用户可以根据需要设置笔刷的大小和形状。

（2）创建植被模型。

地形创建好之后需要在地表上添加草地、树木、石头或其他地面物体，在创建植被模型之前，需要先导入相关的植被模型资源和纹理资源。

如图 7-9 所示，在 ![图标]（纹理绘制）模式下，用于指定绘制地形纹理所用笔刷的样式，选中所需要的 Textures（纹理），即可添加纹理到地形中，效果如图 7-10 所示。

由于场景是为林木联合采育机操作人员虚拟采伐作业训练服务的，所以场景中需要布置大量的树木，如果采用手动方式将一棵棵树木导入场景中，工作量会很大，而且整个场景的面片数量会很大。用于虚拟采伐作业的树木占整个场景中树木的比例非常小，只需要将用于采伐作业训练的树木单个导入，而不被用于采伐作业训练的树木利用 Unity3D 的内置工具批量导入，减轻了建立场景的工作量，也节省了计算机的计算资源。

如图 7-11 所示，植树画板用于在地形上批量种植树木，通过选中需要种植的树木模型，就可以在地形上批量种植树木模型，效果图如图 7-12 所示。

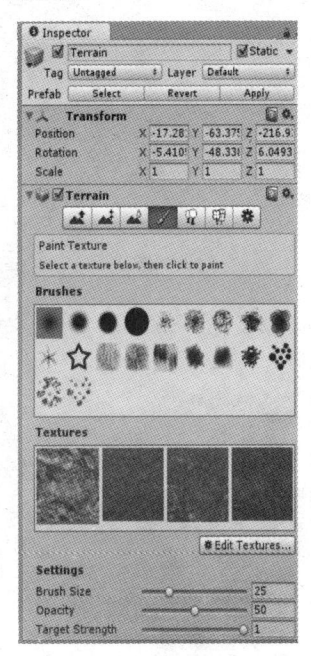

图 7-9　绘制纹理面板

图 7-10　添加地表纹理效果图

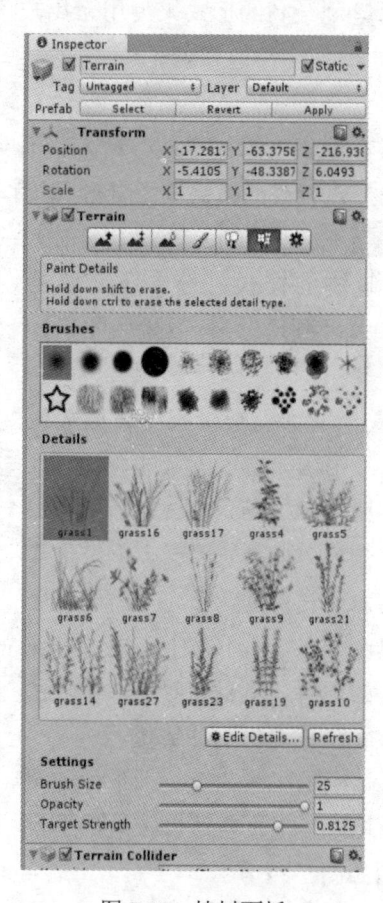

图 7-11　植树面板

图 7-12　地形上种植树木效果图

### 7.4.4　天空盒制作

在真实采伐作业环境中，天气会对林木联合采育机驾驶员的操作产生一定的影响，为了让驾驶学员熟悉不同天气环境下的驾驶行为，在虚拟场景中通过设置不同的天空盒来实现不同的天空背景以达到模拟不同的天气。Unity3D 中的天空盒围绕整个场景渲染，以给人一种远处地平线有复杂风景的印象。

天空盒是在仿真场景中所有图形背后绘制的 6 面立方体。需要制作 6 个面的纹理贴图与天空盒的 6 个面相对应，并放到 Assets 文件夹中，同时将 6 种纹理分配给材质中的每个纹理槽。天空盒设置和天空效果图如图 7-13 所示。

图 7-13　天空盒设置和天空效果图

## 7.5　虚拟场景集成

所有模型建好之后，需要在 Unity3D 环境中构建整个虚拟驾驶训练系统的场景，首先将在 3DSMAX 中建好的三维模型保存为.FBX 格式，然后导入 Unity3D 中，经过合理布置之后，场景整体效果图如图 7-14 所示，场景局部效果图如图 7-15 所示。

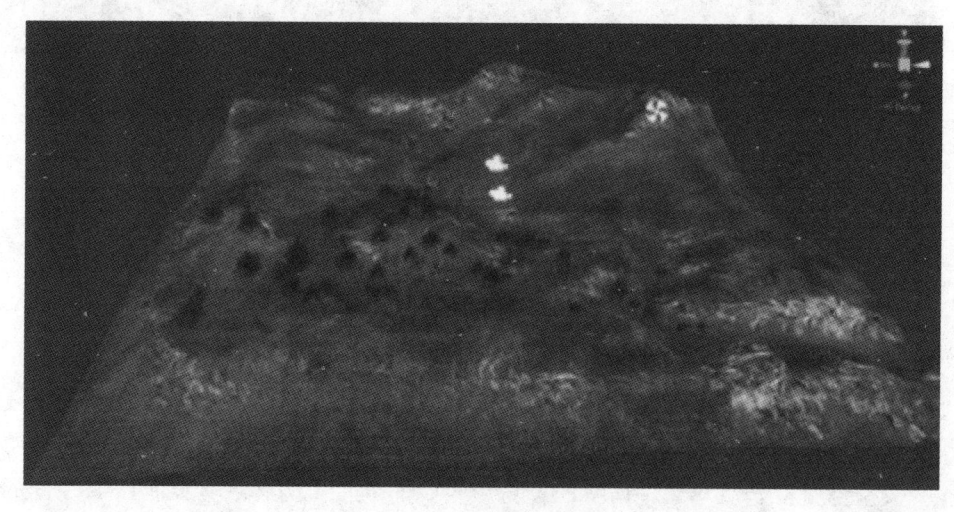

图 7-14　场景整体效果图

图 7-15　场景局部效果图

## 7.6 本章小结

本章分析了采伐虚拟驾驶仿真场景的构建要求，阐述了整个虚拟场景构建的主要原则；详细介绍了虚拟场景建模的步骤，主要分为 5 个阶段，对各个阶段的主要任务进行了相关阐述；介绍了采伐虚拟仿真场景中重要元素的建模过程，如林木联合采育机、树木、地形等。将所有模型汇集到 Unity3D 中，构建整个采伐虚拟驾驶仿真的逼真场景。

## 7.7 习 题

（1）完成林木联合采育机采伐虚拟驾驶仿真系统的动态模型，包括林木联合采育机的本体模型和被砍伐的树木。

（2）建立林木联合采育机采伐虚拟驾驶仿真系统中所需的地形地貌、天气和植被等模型，并完成场景集成。

# 第8章 采伐虚拟驾驶仿真视景系统

## 8.1 引　　言

本章主要利用 Unity3D 引擎作为开发环境，结合 C#编程语言，实现林木联合采育机采伐虚拟驾驶仿真系统的视景系统开发。为达到良好的训练效果，视景系统中的林木联合采育机需要与真实机器一样能够按照操作人员的指令执行相应动作，如行走、机械臂上升、下降和旋转平台的旋转等基本运动。操作人员可以以第一人称视角或第三人称视角来进行操作，完成采伐作业的驾驶训练。

视景驱动是指采用面向对象的编程方式，通过调用应用程序编程接口（API），完成虚拟场景的实时生成和动态漫游，主要包括场景渲染、碰撞检测处理、机械臂运动仿真、树木切割模拟、视角控制处理等。在林木联合采育机视景仿真训练系统中，操作者通过两个手柄控制林木联合采育机各液压杆的伸缩，以此实现动臂、斗杆、采伐头的运动，完成虚拟采伐作业；通过方向盘、油门踏板、刹车踏板、离合器踏板和挡位杆等操纵机构控制履带行走。

## 8.2 碰撞检测

在虚拟场景中，林木联合采育机的模型需要模拟与其他物体发生碰撞的情况，如林木联合采育机的机械部件不能穿越树木、采伐头不能穿越地面等。常见的碰撞检测方法主要有以下两种。

（1）球面包围盒检测法，在虚拟场景中的三维物体对象外围形成球面包围盒，对象之间的碰撞通过球面包围盒的碰撞来实现。

（2）六面体包围盒检测法，在虚拟场景中的三维物体对象周围形成最小六面体包围盒，通过六面体包围盒的面、线、边之间的碰撞来实现。

Unity3D 中内置的物理系统提供了多种碰撞体组件供开发者选择，主要包括盒碰撞体、球形碰撞体、胶囊碰撞体和网格碰撞体。图 8-1 所示为几种常用的碰撞体组件。碰撞体组件和刚体组件需要一起添加到物体对象上才能产生碰撞效果。

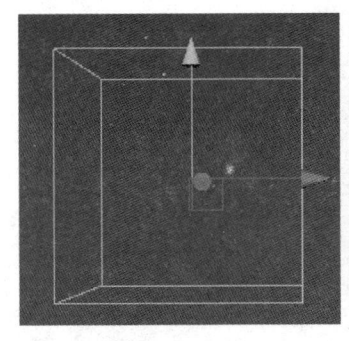

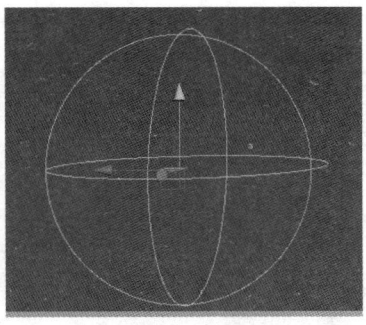

# 第 8 章 采伐虚拟驾驶仿真视景系统

盒碰撞体（Box Collider）　　球形碰撞体（Sphere Collider）　　胶囊碰撞体（Capsule Collider）

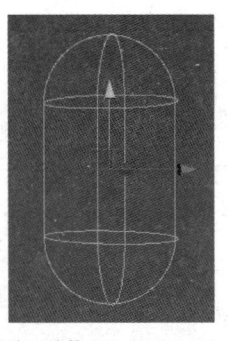

图 8-1　几种常用的碰撞体组件

为目标添加碰撞体时，需要先选中目标物体，然后依次打开 Component→Physics 选项，选择对应的碰撞体组件。图 8-2 左侧为目标物体添加完碰撞体后，可以对所选碰撞体进行编辑，使碰撞体组件的形状符合要求，图 8-2 右侧为盒碰撞体的设置界面。

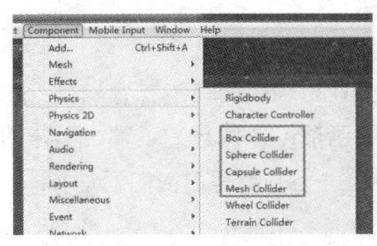

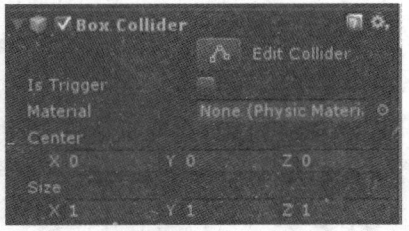

图 8-2　碰撞体添加及设置界面

本章采用多种碰撞体相结合的方式实现碰撞系统的检测。给林木联合采育机添加碰撞体如图 8-3 所示，主要使用盒碰撞体和网格碰撞体为林木联合采育机的车体、机械臂、采伐头等添加相应的碰撞体组件。

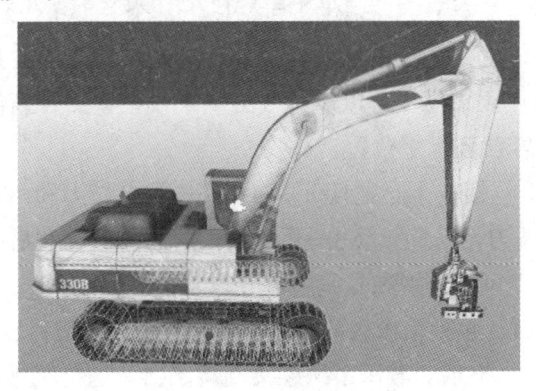

图 8-3　给林木联合采育机添加碰撞体

· 77 ·

Unity3D 提供了 3 个碰撞功能检测模块函数，分别是 OnTriggerEnter（开始和其他物体对象接触）、OnTriggerStay（持续和其他物体发生接触）、OnCollisionExit（停止和其他物体接触），通过这 3 个函数模块，可以检测到主动物体对象和被动障碍物体对象所处的状态，以 OnTriggerEnter 模块为例，其主要 C#代码如下。

```
void OnTriggerEnter(Collider collider){
    if(collider.gameObject.tag.Equals("Target")   //如果检测到和名为 Target 的对象发生碰撞
    {
    //则执行碰撞逻辑
    }
}
```

编写完碰撞逻辑代码后，将该代码脚本添加到主动碰撞体对象上。当检测到和名为 Target 的对象发生碰撞时，会执行碰撞逻辑的代码，做出碰撞反应。

## 8.3 基本运动实现

根据真实的采伐操作，采伐虚拟驾驶仿真系统中的林木联合采育机模型通过接收操作人员的指令，实现的基本运动主要包括：采伐头的运动、车体的旋转和履带的行走等。Unity3D 通过划分模型的层次关系并编写对应的运动脚本，实现模型不同部位的运动，而且动作互不干扰。

### 8.3.1 采伐头运动实现

林木联合采育机的采伐头如图 8-4 所示，它可以实现对树木的采伐、打枝、测量和切割作业，机械结构复杂。采伐头为单锯采伐机器，一次只能对单根树干进行操作，能同时执行多个工序。采伐头包括以下几个关键工作装置。

（1）倾斜装置，它是一个附加到转子和连接在装载器的圆弧形结构。通过铰接接头连接到平衡点，采伐头可以通过气缸从采伐位置旋转到伐倒位置，并且在采伐和锯切树干后释放到水平位置。

（2）打枝装置，包括一个固定且可更换的 6—预打枝刀和两个由气缸提供动力的双作用 1—前打枝刀，以及一个 3—后打枝刀，前打枝刀和后打枝刀都可以向前或向后砍伐枝叶，也可以分别独立使用。

（3）进料辊装置，包括两个由双作用气缸推动的 2—进料辊、一个稳定杆及 4 个液压马达组成，8—抱爪的液压系统连接到蓄压器，进料辊置于抱爪之上，能平衡进料时强大的瞬时冲击负载。

# 第8章 采伐虚拟驾驶仿真视景系统

（4）锯装置，4—锯使用螺钉与锯板连接，可进行树木采伐或者将树干锯切为自定义的长度。通过特殊的杆紧固件将锯杆连接到配有球轴承的框架板上。锯液压马达轴上的驱动轮安装在杆的转折处。

1—前打枝刀；2—进料辊；3—后打枝刀；4—锯；5—旋转装置；6—预打枝刀；7—倾斜装置；8—抱爪

图 8-4　林木联合采育机的采伐头

在进行树木采伐时，5—旋转装置调整采伐头朝向，从最佳角度利用抱爪、前打枝刀及后打枝刀抱紧树木，启动锯装置对树木进行采伐，再使用 7—倾斜装置放倒树木，松开抱爪和打枝刀，此为完整的伐木流程。

通过编程实现采伐头的完整运动动作难度较大，可以在 3DSMAX 中录制采伐头的各个动作动画，执行动作时播放对应的动画，但此方法交互效果不好。Unity3D 提供了铰链关节、固定关节、弹簧关节、角色关节和可配置关节等关节组件（龙诗军，2015），本节使用固定关节组件实现采伐头的运动动作。

固定关节组件通过 Unity3D 内置的物理系统实现，可以实现一个物体对象受到另一个物体对象限定的运动效果，以下以采伐头的张开和闭合动作为例进行说明。

图 8-5 所示的是为采伐头的抱爪添加 Fixed Joint（固定关节），实现抱爪的张开和闭合，如图 8-6 所示。重复以上步骤，在伐木头上的各个关节添加相应的 Fixed Joint（固定关节），可以实现采伐头倾倒、旋转等复杂运动，效果如图 8-7 所示。

### 8.3.2　车体旋转运动实现

Unity3D 引擎拥有丰富的组件和类库，极大地方便了采伐虚拟驾驶仿真系统的开发。Transform 组件是 Unity3D 中的一个常用组件，通过 Transform 组件可以控制目标物体的位置、方向和大小比例。将林木联合采育机的车体对象挂载 Transform 组件，通过 Transform 组件提供的 Rotate 成员函数可以实现车体的旋转运动，效果如图 8-8 所示。

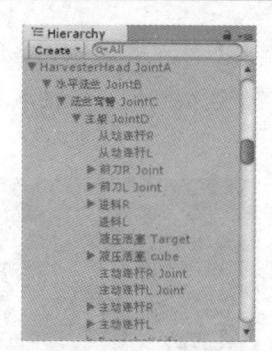

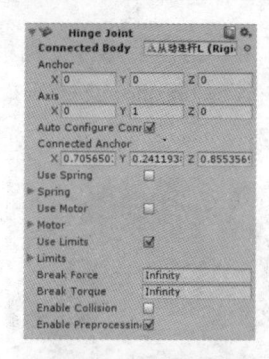

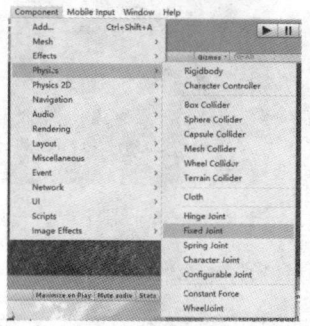

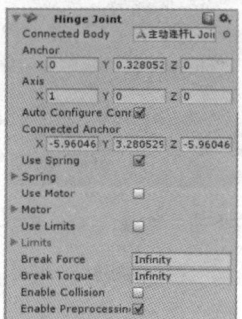

图 8-5　为采伐头的抱爪添加 Fixed Joint

图 8-6　采伐头抱爪的张开和闭合

（a）倾倒　　　　　　　　　　　　　（b）旋转

图 8-7　采伐头倾倒和旋转效果图

· 80 ·

图 8-8  车体旋转效果图

### 8.3.3  履带运动实现

Unity3D 引擎拥有资源商店，开发者可以把自己开发的东西放在资源商店上供人下载使用。林木联合采育机的履带运动利用了 TankController 这款插件，只需要将这款插件导入工程文件中，然后将该插件的坦克履带移植到林木联合采育机上，进而实现林木联合采育机的行走运动，履带运动效果如图 8-9 所示。

图 8-9  履带运动效果图

## 8.4  采伐机械臂运动仿真

### 8.4.1  采伐机械臂层次关系分析

真实林木联合采育机采伐机械臂利用液压杆的伸缩实现运动，如果直接采用常规的平移、旋转算法编程则很难实现这一效果。编写脚本在 Unity3D 中控制动画的播放来实现机械臂的运动，但此方法误差较大，实时性效果不好。

要实现采伐机械臂实时运动仿真，首先合理划分采伐机械臂各相关构件的父子层次关系。当父物体对象旋转时，子物体对象会继承父物体对象的运动动作，跟随做同样的旋转运动，而父物体对象不会受到子物体对象运动的影响。基于父子层次关系，可大幅度简化采伐机械臂的运动仿真算法。根据父子关系特性及机械臂运动过程分析，林木联合采育机各部件的父子关系如图8-10所示。

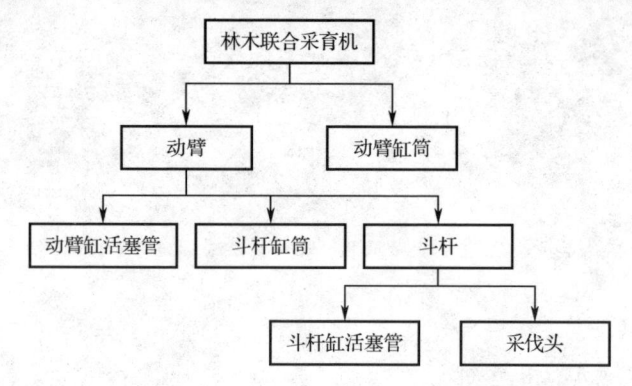

图8-10 林木联合采育机各部件父子关系示意图

### 8.4.2 采伐机械臂运动仿真实现

动臂及斗杆的提升和下降原理相同，以动臂为例对其进行模拟分析，当将右手柄向前推进时，林木联合采育机的动臂在液压杆的作用下会下降，过程如图8-11所示。

图8-11 动臂下降过程

显然，在动臂下降过程中，动臂液压杆也要随动。从仿真的角度看，只要保证动臂缸筒和动臂缸活塞杆在同一条直线上即可，采用父子关系和旋转运动相结合的方法即可实现动臂和液压杆联动效果。

首先，利用数学方法弄清各构件的旋转角度关系。根据动臂下降过程中各构件形成的角度关系制作动臂运动简图，如图8-12所示。运动简图中各辅助点含义如表8-1所示。

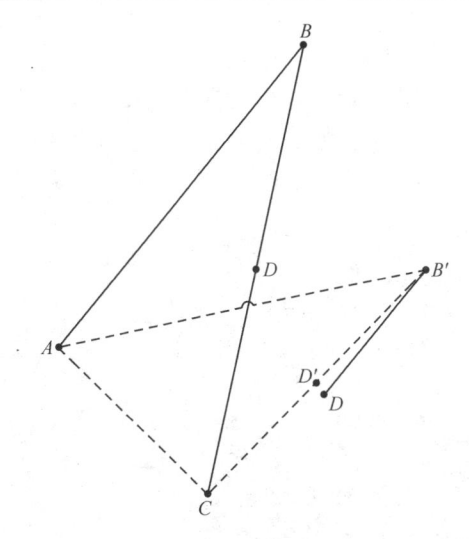

图 8-12　动臂运动简图

表 8-1　运动简图中各辅助点含义

| 辅 助 点 | 含 义 |
|---|---|
| A | 动臂轴心点 |
| B | 动臂缸活塞杆轴心点 |
| C | 动臂缸筒轴心点 |
| D | 动臂缸活塞杆端点 |
| B' | B 点到达的位置 |
| D' | D 点到达的位置 |
| AB | 动臂轴心点与动臂缸活塞杆轴心点之间的距离 |
| BC | 动臂缸活塞杆轴心点与动臂缸筒轴心点之间的距离 |
| CD | 动臂缸筒长度 |
| BD | 动臂缸活塞杆长度 |

当动臂静止时，辅助点 A、B、C 构成△ABC，当动臂旋转一定角度时，动臂缸活塞杆轴心点 B 旋转到点 B'位置，构成△AB'C。将 AB 旋转的角度设为主动角，即∠BAB'为主动角，随着∠BAB'的变化，实时求得动臂缸筒和动臂缸活塞杆需要旋转的角度，即∠BCB'和∠DB'D'，时刻保持 B、D、C 在同一条直线上。具体计算公式如下：

$$\angle BCB' = \angle BAB' + \angle ABC - \angle AB'C \tag{8-1}$$

$$\angle DB'D' = \angle AB'D - \angle AB'D' \tag{8-2}$$

通过式（8-1）和式（8-2）的角度关系，可以实时计算动臂缸活塞杆和动臂缸筒需要旋转的角度，使它们始终保持在同一条直线上。

将上述原理在 Unity3D 中转化为相应脚本，然后将脚本与采伐机械臂模型进行绑定，如图 8-13 所示，从而实现机械臂的联合运动，具体实现脚本如下。

```
void Update( ){
ba = dabi.position - yeyaganxiao.position;
ab = yeyaganxiao.position - dabi.position;
bc = yeyaganda.position - yeyaganxiao.position;
angleB=Mathf.Acos(Vector3.Dot(ba.normalized,bc.normalized))*Mathf.Rad2Deg;
//获取当前动臂与小液压杆的角度
angleA=Mathf.Acos(Vector3.Dot(ab.normalized,beforeba.normalized))*Mathf.Rad2Deg;  //获取当前动臂旋转的角度
yeyaganda.transform.Rotate(-angleA + (beforeangleB - angleB), 0, 0);//大液压杆绕 X 轴旋转相应的角度
yeyaganxiao.transform.Rotate(0, 0, -(beforeangleB - angleB));//小液压杆绕 Z 轴旋转相应的角度
beforeba = ab;//保存本帧 ab
beforebc = bc;//保存本帧 bc
beforeangleA = angleA;//保存本帧动臂旋转的角度
beforeangleB = angleB;//保存本帧动臂与小液压杆的角度
}
```

斗杆、斗杆缸筒和斗杆缸活塞杆之间的运动也进行同样的处理，从而实现林木联合采育机采伐机械臂的运动仿真。

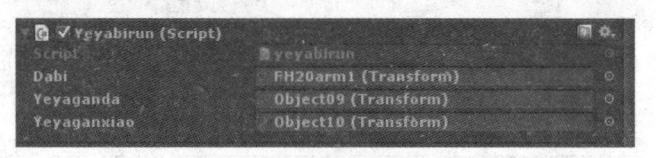

图 8-13　脚本与模型绑定

## 8.5　树木模型虚拟切割

在采伐作业过程中的锯伐和造材阶段，采伐头的刀锯会切割木材，而林木联合采育机采伐虚拟驾驶仿真系统要达到训练的目的，就必须对树木的切割过程进行模拟。虚拟切割算法是切割模拟实施的必要环节。

模型切割是计算机图形学中的一个经典问题。为了实现三维对象切割效果，大多数普通虚拟仿真游戏使用预设的切割动画和两个模型来模拟切割结果，操作

## 第 8 章 采伐虚拟驾驶仿真视景系统

人员不能更改游戏场景和控制对象。这种切割方法实时性和逼真度较差，不能用于采伐作业仿真中的实时操作。

三维仿真系统中几何模型的主要类型是表面模型和体积模型。表面模型只能表示物体的表面特征，但不能传达内部信息，而体积模型则表达了内部信息。由于 Unity3D 引擎可以模拟物体的物理特性，所以本节选择表面模型。在建模中，模型通常表示为三角形网格数据，这意味着所有对象都由三角形网格组成。因此，对三维模型的切割处理实际上可以归结为对三维模型的三角形网格进行切割操作。

三维空间中，已知三个顶点的坐标及它们的索引顺序可以确定一个三角形网格。虚拟切割算法过程如下。

Step1：创建切割平面；
Step2：遍历模型顶点，对顶点进行分组；
Step3：切割平面与三角形网格相交的位置创建新的顶点；
Step4：根据新生成的顶点组成新的三角形网格。

要想实现对树木模型的切割首先要创建切割平面，如图 8-14 所示，$OC$ 为伐木头的刀锯，$OC'$ 为切割树木后刀锯的位置，$A$ 为刀锯上的一个空物体，当刀锯碰撞树木即将切割树木时，利用碰撞检测函数，记录此时空物体 $A$ 的位置，$A'$ 为切割的终点，用 $AA'$ 向量和 $AC$ 向量的叉乘可以得到切割平面的法向量 $n$。

$$n = AC \times AA' \tag{8-3}$$

因为空物体 $A$ 是在切割平面上的，利用 $AA'$ 和切割平面法向量 $n$ 可以确定切割平面。

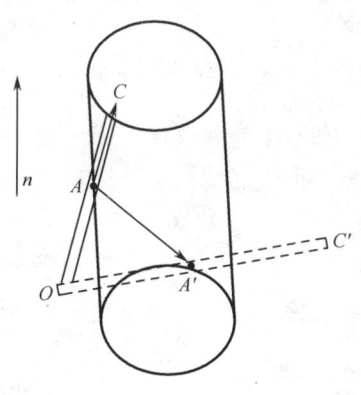

图 8-14 树木模型切割原理示意图

遍历模型的所有顶点，判断顶点与切割面的位置关系，然后将顶点坐标存入上下链表，再用另一链表记录原模型顶点在上下两链表中的索引值。

顶点分组原理图如图 8-15 所示，设 $V_0$ 为切割面之上的一个顶点，$V_1$ 为切割面之下的一个顶点，$Q$ 为切割面上的一点，$n_0$ 为切割面单位法向量且方向向下，$n_1$ 为顶点 $V_0$ 指向点 $Q$ 的向量，$n_2$ 为顶点 $V_1$ 指向点 $Q$ 的向量，则有如下关系：

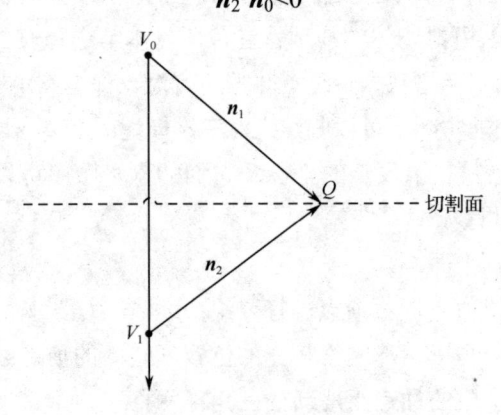

$$n_1 \cdot n_0 \geq 0 \qquad (8\text{-}4)$$

$$n_2 \cdot n_0 < 0 \qquad (8\text{-}5)$$

图 8-15　顶点分组原理图

遍历目标模型的所有三角网格，将顶点索引存入上下链表。此过程需要判断切割面与三角网格的位置关系，三角网格与切割面的位置关系分为以下两大情况。

（1）三角形网格与切割面没有交点，如图 8-16 所示。

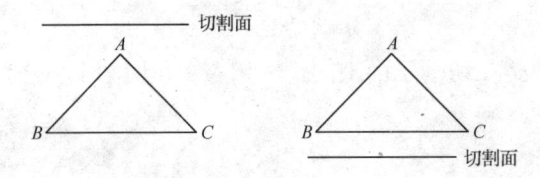

图 8-16　三角形网格与切割面没有交点的情况

（2）三角形网格的三个顶点中有两个顶点在一侧，由式（8-4）可知，三角形网格与切割面的顶点交点属于上侧模型，另一个顶点在另一侧，如图 8-17 所示。

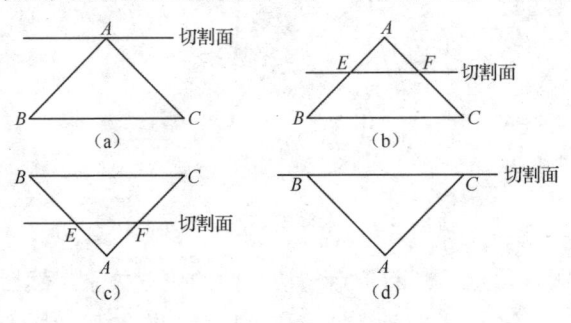

图 8-17　三个顶点分居两侧的情况

在上述这两种位置关系中，重点和难点是三角形网格与切割面有交点的情况。如图 8-17（b）所示，三角形网格会被切割为上下两个部分，上部分会重新构成一个三角形网格，下部分四个顶点会重新构成两个三角形网格。要得到新三角形网格的顶点坐标信息，就需要求出三角形网格与切割面的交点坐标信息。

设点 $E$ 坐标为 $E(x, y, z)$，切割面的单位法向量为 $\bm{n}_0$，已知顶点 $A$ 坐标为 $A(x_0, y_0, z_0)$，顶点 $B$ 坐标为 $B(x_1, y_1, z_1)$，取切割面上一点 $G$，则有如下关系：

$$AB \cdot \bm{n}_0 = H \tag{8-6}$$

$$AG \cdot \bm{n}_0 = h \tag{8-7}$$

$$\frac{AE}{AB} = \frac{h}{H} = t \tag{8-8}$$

则

$$\frac{x - x_0}{x_1 - x_0} = \frac{y - y_0}{y_1 - y_0} = \frac{z - z_0}{z_1 - z_0} = t \tag{8-9}$$

所以点 $E$ 坐标为

$$x = x_0 + (x_1 - x_0)t \tag{8-10}$$

$$y = y_0 + (y_1 - y_0)t \tag{8-11}$$

$$z = z_0 + (z_1 - z_0)t \tag{8-12}$$

同理，可求得点 $F$ 坐标，将新生成的顶点坐标 $E$、$F$ 分别存入上下链表。由图 8-17（b）可知，原来的 $\triangle ABC$ 会生成三个新的三角形：$\triangle AEF$、$\triangle BEF$ 和 $\triangle BFC$，然后将 $\triangle AEF$ 存入上链表，将 $\triangle BEF$、$\triangle BFC$ 存入下链表，最后可以根据顶点坐标和顶点（三角形）索引生成上下两部分模型。

## 8.6　视景系统控制

### 8.6.1　多视角切换模块

视景系统显示的场景画面是虚拟场景中的摄像机所照射的部分，为了模拟真实的林木联合采育机驾驶视角，需要合理布置虚拟场景中摄像机的位置，并且为摄像机设置合适的参数。为了丰富虚拟驾驶操作的效果，系统设置了两种视角模式，一种是第一人称视角，使得培训人员获得更加真实的驾驶体验；另一种是第三人称视角，以跟随的方式显示林木联合采育机全景的视野效果。两种视角效果图如图 8-18 所示。

(a) 第一人称视角　　　　　　　　　　(b) 第三人称视角

图 8-18　两种视角效果图

虚拟场景中布置了两个摄像机，系统通过按下相应的键达到可以任意切换视角的效果，具体脚本代码如下。

```
    if (Input.GetKeyDown(KeyCode.C) && !keyCodeC)   //监测到按下 C 键并且 keyCodeC 为 false 时
    {
        keyCodeC = true;
        if (this.GetComponent<Camera>().enabled)  //第一视角的摄像机处于激活状态时
        {
          camera2.enabled = true;  //激活第三视角的摄像机
          this.GetComponent<Camera>().enabled = false;//关闭第一视角摄像机
        }
        else
        {
          camera2.enabled = false;    //关闭第一视角摄像机
          this.GetComponent<Camera>().enabled = true;//激活第一视角摄像机
        }
    }
    else{
        keyCodeC = false;
    }
```

### 8.6.2　跟随相机模块

视景中的相机就相当于现实中用户的眼睛，当驾驶学员操作林木联合采育机运动时，相机也要跟随林木联合采育机一起运动，且保持相对位置不变。对于第一视角的摄像机来说，只需要在层级视图中将它放置在车体的节点下，与车体形成父子关系，就能与林木联合采育机随动。而第三视角摄像机和第一视角如果进行同样的处理，那么随动会比较生硬，不平滑，本节采用代码控制第三视角的摄像机来实现跟随。

首先，在场景视图中设置好第三视角相机的位置、旋转方向，使摄像机看向林木联合采育机。

然后，在 void Start( )函数中获取摄像机与林木联合采育机的位置差值：

位置差值=摄像机位置-林木联合采育机位置

在 void Update( )定时更新函数中更新第三视角摄像机的位置：

林木联合采育机位置=位置差值+林木联合采育机位置

最后，调用 LookAt 函数，使摄像机始终看向林木联合采育机。

由此，实现了摄像机对林木联合采育机的动态跟随。

## 8.7 本章小结

本章主要介绍了采伐虚拟驾驶仿真视景系统的各个核心模块，主要包括林木联合采育机的基本运动、采伐机械臂的运动仿真、树木模型虚拟切割和视景系统控制的实现，全面展示了视景系统的主要功能，具体阐述了各个核心模块的实现方法。

## 8.8 习　　题

（1）编程实现林木联合采育机的基本运动仿真，包括采伐头运动、车体旋转运动及履带运动。

（2）第一人称视角和第三人称视角，编程实现林木联合采育机对目标立木的虚拟切割。

# 第 9 章　采伐虚拟驾驶仿真硬件系统

## 9.1　引　言

为了使驾驶学员获得更加逼真的驾驶体验，采伐虚拟驾驶仿真系统配备了输入/输出设备，驾驶学员可以通过输入设备，如控制手柄、方向盘、脚踏板、挡位杆等控制虚拟场景中的林木联合采育机模型，按照驾驶学员的指令进行操作。输出设备，如六自由度运动平台会根据虚拟场景中林木联合采育机模型的运动姿态做出相应的反应，增强系统的沉浸感。

根据各个硬件设备的选型，设计了硬件设备与视景系统的通信架构，如图 9-1 所示。采用 CAN 总线通信方式采集控制手柄的操作数据，采用 USB 通信方式采集方向盘、脚踏板、挡位杆等数据，采用 UDP 的通信方式将虚拟场景中的林木联合采育机模型的运动数据发送给六自由度运动平台。

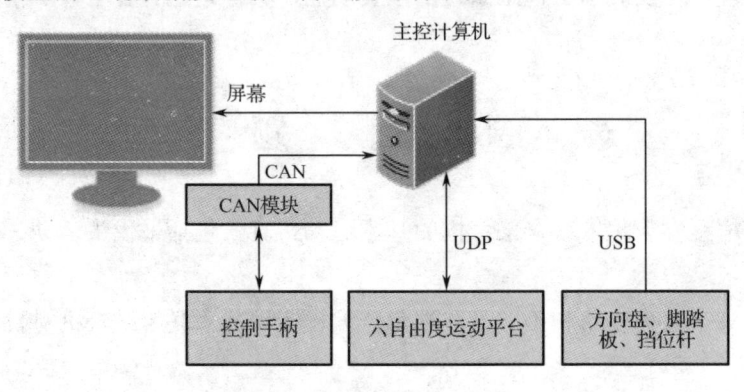

图 9-1　系统通信结构

## 9.2　硬件系统通信

随着现代技术的发展，特别是在游戏和娱乐领域，人们已经不满足于仅仅利用键盘、鼠标等简单设备去操控游戏，而是越来越追求获得真实世界的操控体验，现在方向盘等虚拟仿真模拟器所需要的输入设备已经高度产品化和市场化了，多数设备已经可以在市场上被购买，价格在几百元到几万元不等。市场上比较受欢迎的有罗技公司生产的虚拟设备，任天堂游戏公司开发的方向盘操控设备和 Fanatec 公司开发的方向盘设备等，可以满足大多数人的需求（傅招国，2012）。本章采用 Fanatec 公司开发的 ClubSport Wheel Base V2 方向盘套装作为驾驶操控装置，主要包括方向盘、三踏板、挡位杆，其优点是精度高、稳定性好，如图 9-2 所示。

图 9-2　驾驶操控装置

方向盘、三踏板、挡位杆与视景系统的连接主要分为三个步骤，如图 9-3 所示。

安装方向盘套装的驱动程序 → 虚拟按键设定 → 编写脚本

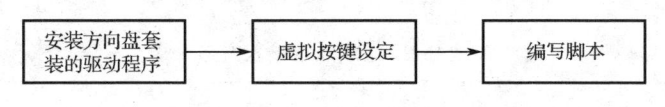

图 9-3　连接过程

第一步是安装方向盘套装的驱动程序。可在 Fanatec 官网找到目标设备的驱动程序自行下载安装，在安装完成之后，需要对方向盘、三踏板、挡位杆等硬件设备进行调试与设置，通过驱动程序反馈确保方向盘等设备与计算机的通信联系没有问题。

第二步是虚拟按键设定。Unity3D 提供了 Input Manager（输入管理器），用于与外接硬件设备通信，用户通过设置好自定义按键的有关参数可以将硬件设备的输入映射到自定义的按键上，通过访问自定义的按键就可以获取硬件设备的数据。在 Inspector 视图中会显示 Input Manager 的虚拟按键列表和参数，如图 9-4（a）和图 9-4（b）所示。

虚拟按键属于输入轴，Unity3D 默认创建了 18 个输入轴，通过更改 Size 参数来设置轴的数量，单击轴名称会显示设置参数。方向盘、离合器、刹车、油门、挡位杆分别对应不同的输入轴。输入管理器及相关参数设定如图 9-4 所示。

第三步是编写脚本，接收方向盘等数据。Unity3D 有一个专门获取处理外设信号的类 Input，内置的函数可以轻松获取鼠标、键盘、摇杆、方向盘、手柄等游戏外设的输入数据。游戏外设输入方法如表 9-1 所示。用户可以通过编写脚本接收输入信息，如本节可通过以下代码获取方向盘的数据：

```
Angle=Input.GetAxis("Horizontal");
```

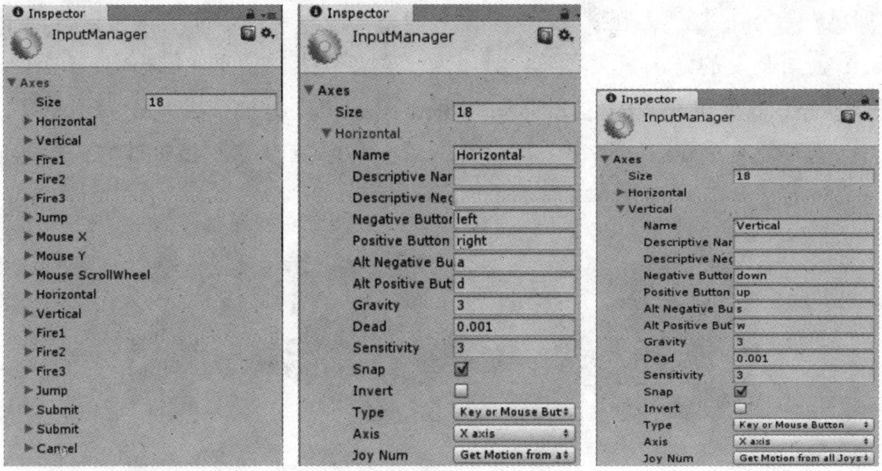

(a)　　　　　　　　(b)　　　　　　　　(c)

图 9-4　输入管理器及相关参数设定

表 9-1　游戏外设输入方法

| 输入方法 | 说　明 |
| --- | --- |
| GetAxis | 得到输入轴的数值 |
| GetAxisRaw | 获得没有经过平滑处理的输入轴的数值 |
| GetButon | 虚拟按键按下期间一直返回 true |
| GetButtonDown | 虚拟按键按下的第一帧返回 true |
| GetButtonUp | 虚拟按键松开的第一帧返回 true |

　　Angle 的值在-1~1 变化，方向盘在初始位置未旋转时，Angle 的值为 0；当方向盘向左旋转直至打死时，Angle 的值在 0~-1 变化，最后为-1；当方向盘向右旋转直至打死时，Angle 的值在 0~1 变化，最后为 1；通过此行代码便可以实时获取方向盘的位置状态。

　　通过以上三个步骤，实现方向盘、脚踏板和挡位杆与视景系统的通信，从而完成与驾驶学员的交互。

## 9.3　控制手柄与视景系统的通信

### 9.3.1　CAN 总线

　　CAN 是 Controller Area Network 的简称，即控制器局域网，是德国博世公司

## 第9章 采伐虚拟驾驶仿真硬件系统

20世纪80年代初开发的一种支持实时控制的分布式串行数据通信协议,是目前应用较广的现场总线之一。它已得到 ISO、IEC 等标准组织普遍的认可,被广泛应用于汽车电子、工业控制、机器人、智能楼宇、医疗器械、自动化仪表等领域。

CAN 总线的拓扑结构图如图 9-5 所示,采用典型的干线—支线的连接方式,即串行总线结构。干线有两个终端电阻 R,支线将各个节点连接到总线,只需要较少的线缆(两根线 CAN_H 和 CAN_L)就可以将各节点连接起来,这种结构具有高可靠性。

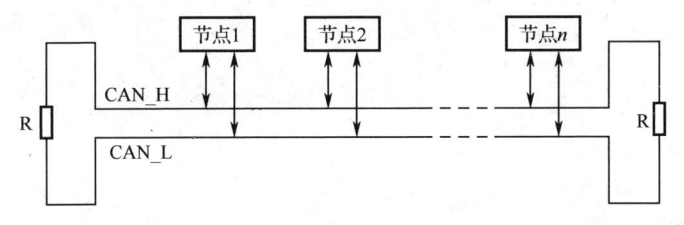

图 9-5  CAN 总线的拓扑结构图

为调试控制手柄与视景系统的通信,选用 USB-CAN 总线分析仪,如图 9-6 所示,可以有效分析 CAN 总线协议,并实现对 CAN 总线数据的处理、采集和双向传送传输。配备的 USB-CAN 工具软件和 DLL 二次开发库,方便二次开发,实现对操作手柄数据的采集。

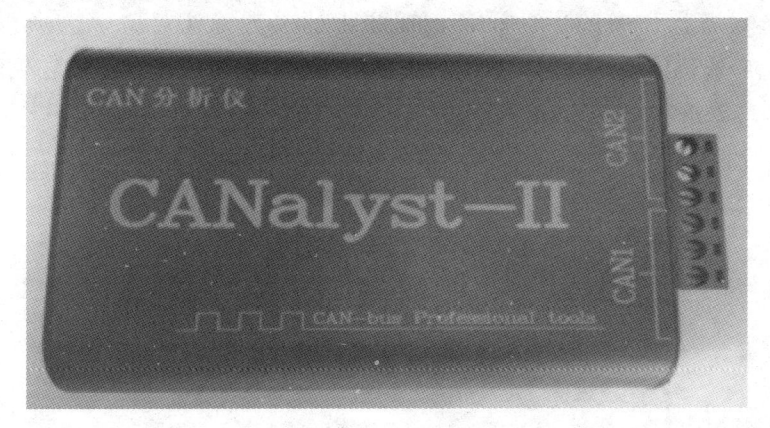

图 9-6  USB-CAN 总线分析仪

本设计采用 USB-CAN 总线分析仪连接操作手柄实体和计算机,其中,USB-CAN 总线分析仪拥有 CAN1 和 CAN2 两个接口,可以分别连接两个操作手柄,标准 USB 接口可以连接到计算机。系统经 CAN 总线采集操作手柄的多路控制输入信号,控制虚拟林木联合采育机的机械臂和采伐头的运动。

## 9.3.2 操作手柄信号测试

连接操作手柄实体与 USB-CAN 总线适配器，通电后接入计算机的 USB 口。打开 USB-CAN 工具软件，软件界面如图 9-7 所示。

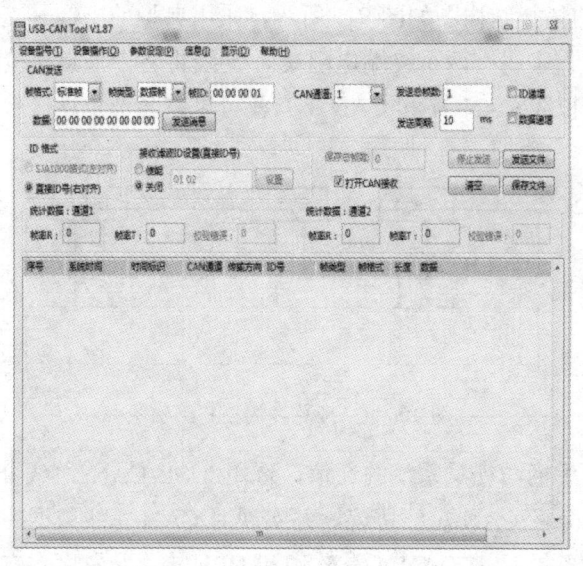

图 9-7 USB-CAN 工具软件

点选设备操作中的启动设备，在弹出的参数确认窗口中选择波特率为 250bit/s。单击确认按钮后，下方的数据显示列表中出现接收的数据则表示操作手柄的信号传输正常，如图 9-8 所示。

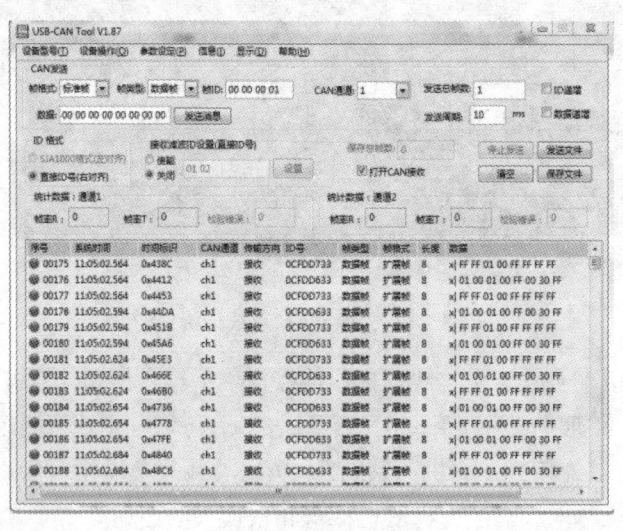

图 9-8 调试操作手柄

每个 CAN 通道连接一个操作手柄，可以通过 ID 号来识别系统连接的是哪个手柄，由于手柄厂商没有公开手柄的数据协议，因此需要手动去测试手柄每个按钮对应的标志位。通过测试，获得了手柄每个按钮按下时的对应值，如表 9-2 所示。

表 9-2 手柄各按钮按下时的对应值

| 按 钮 | 数 据 位 | 值 |
| --- | --- | --- |
| 按钮 1 | Obj[0].data[5] | 4 |
| 按钮 2 | Obj[0].data[6] | 112 |
| 按钮 3 | Obj[0].data[5] | 1 |
| 摇摆按钮（前） | Obj[0].data[5] | 16 |
| 摇摆按钮（后） | Obj[0].data[5] | 64 |
| 背部按钮 1 | Obj[0].data[6] | 52 |
| 背部按钮 2 | Obj[0].data[7] | 49 |
| 前 | Obj[0].data[2] | 4 |
| 后 | Obj[0].data[2] | 16 |
| 左 | Obj[0].data[0] | 16 |
| 右 | Obj[0].data[0] | 4 |

### 9.3.3 操作手柄数据采集

本节使用的 USB-CAN 总线适配器支持二次开发，而且提供了 DLL 动态链接库，用户只需要调用其提供的接口函数即可实现手柄数据的采集，表 9-3 所示为 USB-CAN 提供的关键接口函数库。

表 9-3 USB-CAN 提供的关键接口函数库

| 函 数 名 | 函 数 描 述 |
| --- | --- |
| VCI_OpenDevice | 此函数用于连接设备 |
| VCI_InitCAN | 此函数用于初始化指定的 CAN |
| VCI_StartCAN | 此函数用于启动 CAN 控制器，同时开启适配器内部的中断接收功能 |
| VCI_Receive | 此函数用于请求接收数据 |
| VCI_CloseDevice | 此函数用于关闭连接 |

在 Unity3D 开发环境中调用动态链接库时，需要把动态链接库文件放在 Asset/Plugins/文件夹下，如图 9-9 所示，这样系统才能访问到这个动态链接库文件，然后在编程中引用这个文件就可以访问表 9-3 的接口函数了，接口库函数使用流程图如图 9-10 所示。

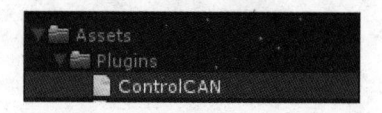

图 9-9 动态链接库文件存放位置

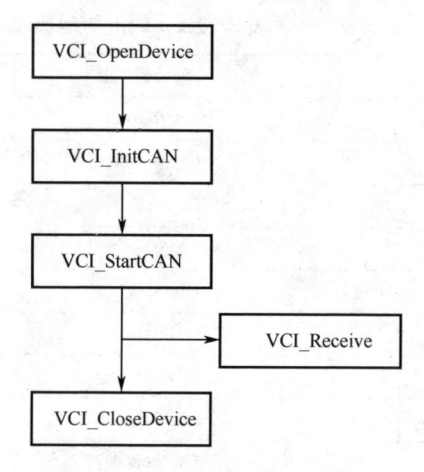

图 9-10 接口库函数使用流程图

当操作手柄与计算机建立连接时，会不断发送手柄操作数据，如果在编写脚本时将接收手柄的数据程序和主程序写在同一个线程，则会造成系统卡死，为了避免这种现象，采用多线程技术采集操作手柄数据，即创建一个新的线程来执行 VCI_Receive 函数，接收手柄数据，具体关键代码如下。

```
//创建新线程
Thread th = new Thread(Rec);
th.IsBackground = true;
th.Start();
//线程函数
void Rec()
    {
        while (kk)
        {
            res1 = VCI_Receive(4, 0, 0, ref obj[0], 1, 100);//接收左手柄数据
            res = VCI_Receive(4, 0, 1, ref obj[0], 1, 100);//接收右手柄数据
//根据表 9-3,对接收的数据进行解析
if (obj[0].ID == 217962036)//右手柄 ch2
            {
                //大臂向前
                if ((obj[0].Data[2] & 16) == 16)
                {
```

```
                right_handle_forward = 1;
            }
            else { right_handle_forward = 0; }
...
        }
    }
```

通过以上步骤，可以获取操作手柄的状态数据，然后将手柄的状态数据经解析后传输到视景系统中，完成操作手柄与视景系统的通信，从而实现操作手柄与视景系统的交互。

## 9.4 六自由度运动平台与视景系统的通信

采用 HollySys 公司生产的六自由度运动平台，其提供的体感算法动态链接库便于二次开发，动态链接库工作原理如图 9-11 所示，在程序编写时加载动态链接库。

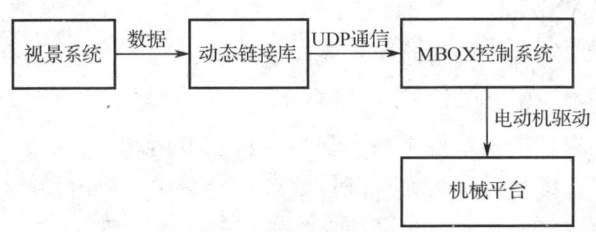

图 9-11 动态链接库工作原理

视景系统将虚拟林木联合采育机的俯仰角、航向角、加速度等运动数据传给体感算法动态链接库，经反解运算后将运动平台的六个缸的位置信息通过 UDP 方式发给 MBOX 控制系统，这样视景系统就可以在运行的过程中直接与六自由度运动平台进行实时交互。

六自由度运动平台的运动主要是通过调用动态链接库中的函数来实现的，表 9-4 所示为该动态链接库主要调用的函数。

表 9-4 动态链接库函数

| 函　　数 | 说　　明 |
| --- | --- |
| Choose_PlatformType() | 平台类型选择函数 |
| DOF6_Public_CueModule_Reset() | 体感参数复位函数 |
| DOF6_Public_UserCueParaTranfer() | 参数传递函数 |
| DOF6_Public_MechModule_InitCa() | 机械参数初始化函数 |

续表

| 函　　　数 | 说　　　明 |
|---|---|
| Public_OpenMboxUdpPort() | 打开 UDP 端口函数 |
| DOF6_Public_Cue2Inverse_Solution() | 体感+反解算法函数 |
| Public_CloseMboxUdpPort() | 关闭 UDP 端口函数 |

函数的调用顺序如下。

（1）程序运行初始调用 Choose_PlatformType(int PlatformType)函数，选择控制平台的类型，然后调用 DOF6_Public_CueModule_Reset()函数，对体感参数进行初始化；

（2）对 DOF6_SYS_PARA 结构体中的所有参数进行赋值，赋值过程中需要根据平台游戏的实际情况进行赋值；

（3）调用 DOF6_Public_MechModule_InitCa()函数，对机械参数进行初始化；

（4）调用 Public_OpenMboxUdpPort()函数，打开 UDP 端口；

（5）调用 DOF6_Public_Cue2Inverse_Solution(DOF6_GAME_PARA*p, DOF6_POSITOPN_PARA*q, int UDPEnable)函数，控制平台运动，此函数需要定时更新参数 DOF6_GAME_PARA，可将此函数放入定时器中，定时发送数据控制平台运动；

（6）程序关闭调用 Public_CloseMboxUdpPort()函数，关闭 UDP 端口。

通过以上步骤，视景系统可以实现与六自由度运动平台的通信，从而可以真实地模拟林木联合采育机模型在林区虚拟采伐场景中行驶时的各种颠簸情况，增强了系统的沉浸感与真实性。

## 9.5　本章小结

本章重点阐述了方向盘、三踏板、挡位杆、操作手柄和六自由度运动平台与视景系统的通信方法。针对方向盘、三踏板、挡位杆与视景系统的通信问题，详细阐述了利用 Unity3D 的 Input 接口与外设建立连接的使用方法，对于操作手柄与视景系统的通信问题，详细描述了操作手柄利用 CAN 总线与视景系统建立连接的过程，最后详细描述了视景系统与六自由度运动平台通信方法。

## 9.6　习　　题

（1）说明采伐虚拟仿真系统的硬件构成和各部分功能。

（2）说明控制手柄和六自由度运动平台如何与视景系统建立通信连接。

# 第 10 章　采伐虚拟驾驶仿真实验

## 10.1　实验环境

林木联合采育机采伐虚拟驾驶仿真系统的性能一方面受系统本身软件和硬件性能的影响，另一方面受主控计算机性能的影响。采伐虚拟驾驶仿真实验在 Windows 10 操作系统的计算机上进行，硬件配置为 Intel Core i7-6700 处理器，主频为 3.4GHz，8GB 内存，NVIDA GTX980 显卡，Unity3D 版本为 5.3.4。

## 10.2　树木模型虚拟切割实验

为了验证树木模型虚拟切割算法的准确性和实时性，本实验选取 3 种网格个数不同的树木模型进行虚拟切割实验，如图 10-1 所示，切割后的模型如图 10-2 所示。

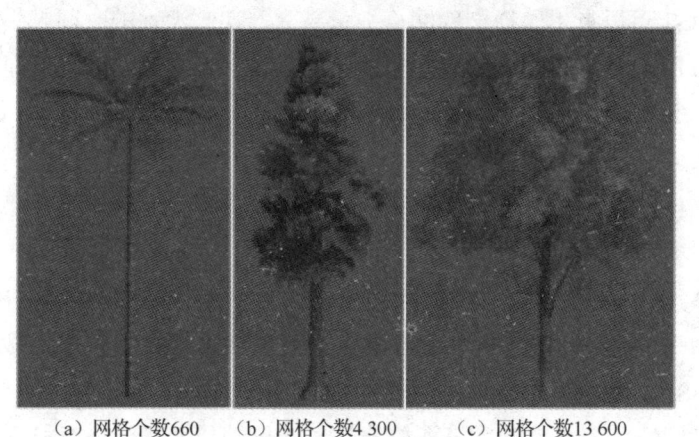

(a) 网格个数660　　(b) 网格个数4 300　　(c) 网格个数13 600

图 10-1　切割前的模型

上述三种不同网格个数的树木模型经切割后，模型上下两部分网格信息的变化和切割消耗时间如表 10-1 所示。

图 10-2 切割后的模型

表 10-1 切割实验结果数据

| 树木模型 | 原始网格个数/个 | 切割后网格个数/个 | 切割消耗时间/ms |
| --- | --- | --- | --- |
| a | 660 | 上部分 684<br>下部分 99 | 44.82 |
| b | 4 300 | 上部分 4 572<br>下部分 192 | 62.07 |
| c | 13 600 | 上部分 14 553<br>下部分 1 261 | 122.31 |

从表 10-1 可以看出，模型的网格数量越大，切割消耗的时间越多。当模型网格达到 13 600 个时，切割消耗时间仅为 122.31ms，人肉眼几乎无法察觉到停顿感，能够满足系统对切割过程的实时性要求。

## 10.3 系统整体实验

实验开始时，将方向盘、三踏板、挡位杆通过 USB 连接到主控计算机上，六自由度运动平台的分布式控制器和计算机通过网线连接在同一个局域网上，操作手柄通过 USB-CAN 总线分析仪连接在主控计算机上。

将所有硬件系统与视景系统建立连接后，启动林木联合采育机采伐虚拟驾驶仿真系统，虚拟采伐驾驶的效果如图 10-3 所示，一开始为第三人称视角，如图 10-3（a）所示。按下切换视角按钮时，系统会切换到第一人称视角，如图 10-3（b）所示，操作员可以自由切换视角。

第 10 章　采伐虚拟驾驶仿真实验

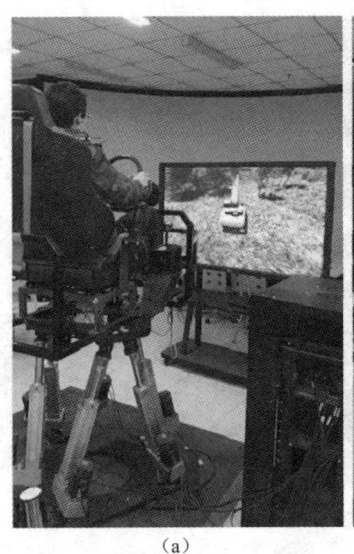

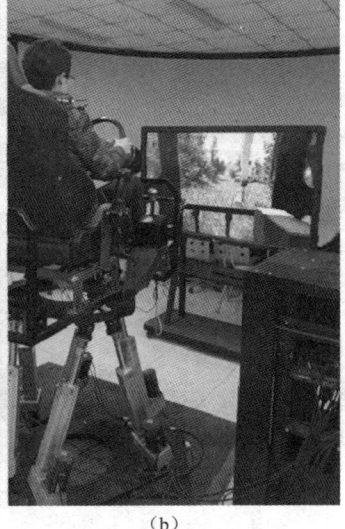

(a)　　　　　　　　　　　　　(b)

图 10-3　虚拟采伐驾驶的效果

操作员向左打方向盘，虚拟场景中的林木联合采育机向左转弯 25°，六自由度运动平台会接收虚拟场景中的林木联合采育机的位姿信息做出同步反应，左转 25°实验效果如图 10-4 所示，经测量，驾驶舱整体向左偏移 24.6°。

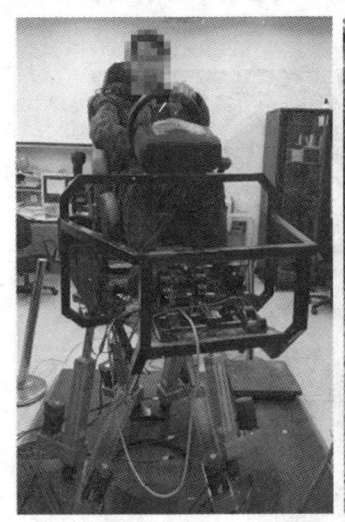

图 10-4　左转 25°实验效果

操作员向右打方向盘，虚拟场景中的林木联合采育机向右转弯 25°，六自由度运动平台会接收虚拟场景中的林木联合采育机的位姿信息做出同步反应，右转 25°实验效果如图 10-5 所示，经测量，驾驶舱整体向右偏移 24.7°。

图 10-5　右转 25°实验效果

驾驶虚拟林木联合采育机进行上下坡实验，检测六自由度平台能否跟随虚拟场景中的林木联合采育机随着地形的变化实时运动。如图 10-6 所示，当驾驶林木联合采育机进行上坡实验时，视景中的林木联合采育机上仰 40°，现实中的六自由度运动平台上仰 39.7°；当驾驶林木联合采育机进行下坡实验时，如图 10-7 所示，视景中的林木联合采育机下俯 40°，现实中的六自由度运动平台下俯 39.8°，两者姿态实时保持同步，实现了运动跟随。

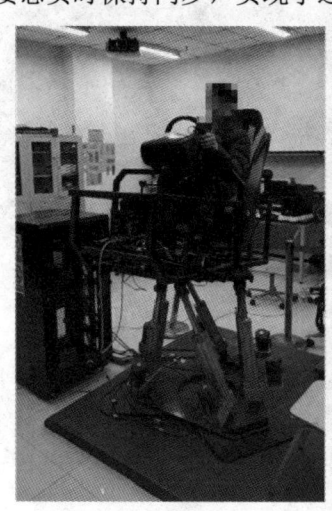

图 10-6　上坡实验

驾驶虚拟林木联合采育机进行虚拟采伐作业试验，整个虚拟采伐作业流程如图 10-8 所示。在图 10-8（a）中，操作员用手柄控制机械臂实时运动完成了目标立木的捕获作业，在图 10-8（b）中，采伐头的刀锯完成了树木的切割模拟并将其伐倒。在图 10-8（c）中，采伐头完成了目标立木的打枝作业。在图 10-8（d）中，采伐头完成了目标立木的造材作业，操作员利用操作手柄完成了虚拟采伐作业的整个过程，从图中可以看出，场景视觉效果逼真，沉浸感强。

图 10-7　下坡实验

（a）捕获　　　　　　　　（b）伐倒

（c）打枝　　　　　　　　（d）造材

图 10-8　虚拟采伐作业流程

为验证该系统能否用于林木联合采育机操作人员的训练教学，在森林工程专业挑选了15名学生，并请专业老师按照采伐作业的流程进行测试，然后与测试者交流感受，实验者测试结果表如表10-2所示。实验交流表明，林木联合采育机采伐虚拟驾驶仿真系统在采伐作业过程中，采伐机械臂能够按照操作手柄的指令信号实时运动，无停顿感，采伐头的刀锯切割树木逼真度较高。证明提出的采伐机械臂运动仿真和树木模型的虚拟切割方法是有效的。实验者也提出，在切割树木时会有一点点迟钝感，需要对树木模型切割算法做进一步的优化。

表10-2 实验者测试结果表

| 测 试 项 目 | 好 | 一 般 | 较 差 |
| --- | --- | --- | --- |
| 画面流畅度 | 15 | 0 | 0 |
| 场景逼真度 | 14 | 1 | 0 |
| 交互效果 | 13 | 1 | 1 |

## 10.4 本章小结

通过对林木联合采育机采伐虚拟驾驶仿真系统的实验测试，可得出以下结论。

林木联合采育机采伐虚拟驾驶仿真系统可以实现基本驾驶功能，硬件设备如方向盘、脚踏板、挡位杆可以控制视景中的林木联合采育机模型进行驾驶作业。

六自由度运动平台可以实时跟随视景系统中林木联合采育机模型的行驶动作，在地形发生起伏时，能够模拟出林木联合采育机的颠簸。在林木联合采育机模型发生状态改变时，能够模拟出林木联合采育机状态改变时车体的动作。当操作员坐在驾驶座椅上进行模拟驾驶时，完全能够感受到实际林木联合采育机驾驶的各种体感。操作员可以使用操作手柄控制虚拟模型完成虚拟采伐作业训练。

## 10.5 习 题

（1）在操作员培训阶段，林木联合采育机采伐虚拟驾驶仿真系统需要完成哪些林区操作实验？

（2）思考如何在虚拟仿真环境中实现林木联合采育机的故障工况。

# 第11章 人工林抚育采伐作业及造材控制虚拟仿真实验

## 11.1 实验基本介绍

### 11.1.1 基本情况

北京林业大学"人工林抚育采伐作业及造材控制虚拟仿真实验"获得首批国家级一流课程，针对林业抚育采伐作业中操作风险极大、林区环境复杂、作业不可重复和现场实验成本高等特点，以线上虚拟仿真的方式展现了现代林业抚育采伐工程全机械化过程。线下建有虚实结合特色的林业抚育采伐作业实验室，如图11-1所示，开展线上线下混合虚拟仿真实验教学。学生可以在反复练习中，充分掌握装备操作和工艺流程，培养学生解决复杂工程问题的能力。

图11-1 开展线上线下混合的虚拟仿真实验教学

实验项目已经在国家虚拟仿真实验教学课程共享平台（www.ilab-x.com）上线，并面向全社会开放，为林业装备和相关专业培训提供了平台，也辐射带动了林业工程行业的发展，产生了一定的社会效益。

实验项目的整体内容和步骤设计思路以森林抚育采伐工艺为主线，结合工程教育认证的要求，解决了定长造材中 PID 参数整定的复杂工程问题，以"面向行业—面向工艺—面向工程"的建设思路开展实验，内容分为培训认知（1 学时）、工艺作业（1 学时）和工程调试（2 学时）三个主要环节。通过三维虚拟技术，仿真林区抚育采伐及工程调试情境，学生可在整个场景和情境中进行交互性操作。实验平台的建设架构图如图 11-2 所示。

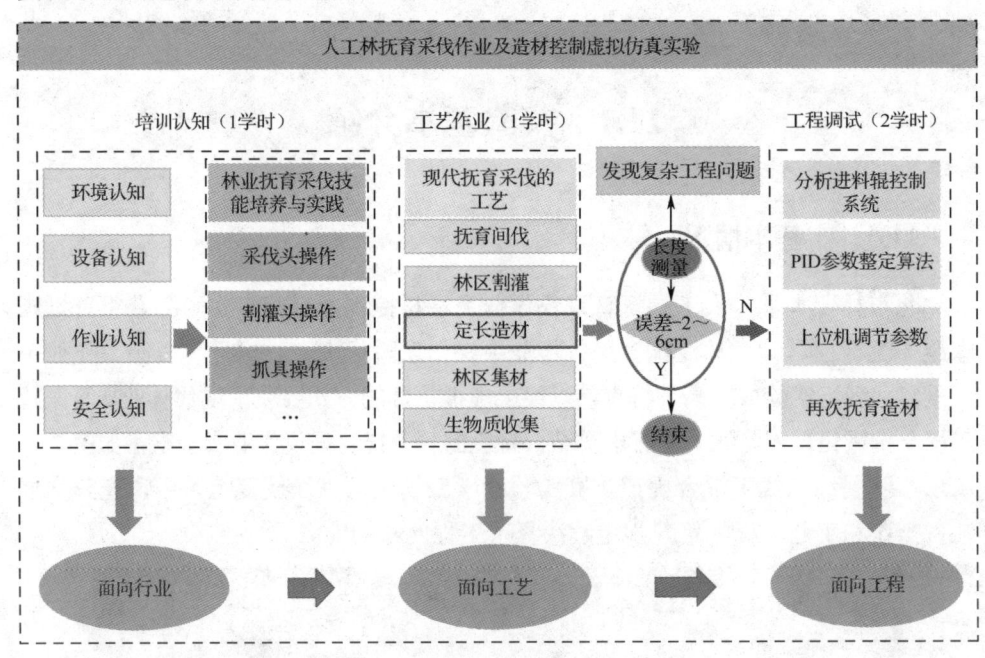

图 11-2　实验平台的建设架构图

## 11.1.2　考核要求

本实验项目旨在培养学生掌握林业抚育作业装备操作和工艺，具备解决工程实际问题的能力。实验项目以信息化教学管理共享平台为载体，采用多维度、多元化的考核方法对学生进行全方位、系统的考核与评价。

本实验项目分为练习模式和实验报告。练习模式包括认知模块、作业模块、实验模块三部分内容，考核模式为林业抚育采伐作业关键技术综合应用。

实验成绩的计算办法：认知模块成绩×15%+作业模块成绩×25%+实验模块成绩×40%+实验报告成绩×20%。实验评分细则如表 11-1 所示。

## 第11章 人工林抚育采伐作业及造材控制虚拟仿真实验

表11-1 实验评分细则

| 实验模块 | 考核环节 | 考核内容 | 评分细则 |
|---|---|---|---|
| 认知模块（15%） | 环境认知（1%） | 了解人工桉树林林区环境 | 1 |
|  | 安全认知（2%） | 掌握林区生产安全知识和设备安全操作规范 | 2 |
|  | 设备认知（1%） | 了解各林区作业设备的关键参数 | 1 |
|  | 作业认知（1%） | 熟悉抚育采伐作业内容和机器设备的操作说明 | 1 |
|  | 试采考核（10%） | 采伐头控制界面参数选取 | 2 |
|  |  | 驾驶采伐机完成树木的采伐 | 4 |
|  |  | 选择合适的倒木方向并倒木 | 2 |
|  |  | 完成整棵树的定长造材作业 | 2 |
| 作业模块（25%） | 设备选择（6%） | 每少选或错选一台扣1分，不选不得分 | 6 |
|  | 清林割灌（2%） | 清除林道或者幼苗林的灌木和杂草 | 2 |
|  | 采伐作业（4%） | 驾驶采伐机到达指定区域完成树木的采伐 | 4 |
|  | 定长造材（5%） | 完成整棵树的定长造材和打枝作业 | 5 |
|  | 油锯作业（2%） | 在机器无法到达的地方使用油锯进行采伐作业 | 2 |
|  | 生物质收集（2%） | 抓取灌木枝丫到拖斗，运往粉碎站粉碎 | 2 |
|  | 集材归楞（2%） | 使用集材运输机收集木材并运往楞场归楞 | 2 |
|  | 木材测量（2%） | 掌握测量原木检尺径和检尺长的方法 | 2 |
| 实验模块（40%） | 模型搭建（5%） | 根据进料辊控制系统分析搭建闭环反馈模型 | 3 |
|  |  | 根据所给的开环传递函数搭建模型 | 2 |
|  | 工程调参（30%） | 调出正确的$K$和$T$值；计算出正确的$K$、$T$、$L$值 | 12 |
|  |  | 根据经验公式计算出不同控制器下的PID参数 | 12 |
|  |  | 观察响应曲线和性能指标选取最佳控制器 | 6 |
|  | 再次造材（5%） | 进料控制系统经PID校正后再次进行造材作业 | 5 |
| 实验报告（20%） | 理论考核（20%） | 掌握森林抚育采伐作业和PID控制相关理论知识点 | 20 |
| 总分（100%） | 总分（100%） |  | 100 |

## 11.2 实验原理

人工林抚育采伐作业及造材控制虚拟仿真实验以虚拟的方式展现现代林业抚育采伐工程全机械化过程，包括利用林木联合抚育采伐机实现"采伐—造材"一体化的新模式。涉及实验基本原理内容主要包含林区作业基本知识、抚育采伐工艺、采伐机定长造材、PID参数整定四部分内容。

### 11.2.1 林区作业基本知识

首先,通过理论学习,结合实际林区情况,了解林区环境及采伐作业时可能出现的安全问题,如伐木作业顺序、树倒方向、集运材方向、设备操作方法等,初步学会解决问题的方法;其次,了解作业林区的环境及作业树种的情况,学习初步判断作业林区的采伐方法(间伐、择伐、皆伐等);最后,采伐作业设备功能、结构认知:逐一认识抚育采伐作业的主要设备,深入了解其整体和局部功能、结构特点(尤其是末端执行机构的工作原理)、整机参数等信息,为学习采伐机的基本操作奠定理论基础。

### 11.2.2 抚育采伐工艺

林木抚育采伐工艺的确定:根据目标林区树木的特点,选择割灌作业区域、抚育间伐区域、皆伐区域。

制定具体的采伐工艺流程如下。

抚育间伐工艺:一般为小径木。其工艺流程为采伐——打枝——造材——归堆——运输。

皆伐工艺:一般为成熟的林木。根据造材地点不同,其工艺流程主要可分为①林区造材:采伐——打枝——造材——归堆——集材;②山下楞场造材:采伐——归堆——集材——打枝——造材等两类。

林下疏伐工艺:一般为灌木类。其工艺流程为采伐——收集——打捆/削片(也可在楞场再削片粉碎)——归堆——运输。

确定采伐工艺后,学习抚育采伐设备的基本操作规程及进行操作实践,基于现代化林业机械装备的抚育采伐工艺流程图如图 11-3 所示。

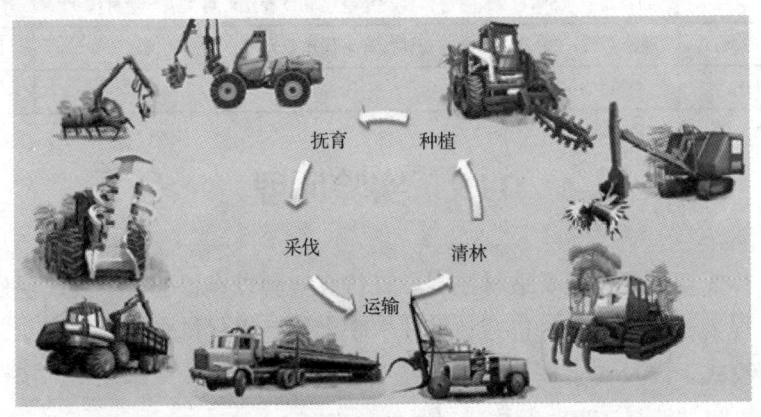

图 11-3 基于现代化林业机械装备的抚育采伐工艺流程图

### 11.2.3 采伐机定长造材

林木联合采育机的末端执行装置(一般称为采伐头)是采伐的核心工作装置,林木伐倒、打枝和定长造材等功能都由它来完成。作业工序:采伐头必须抱紧树干、伐倒树木、打枝、造材。造材是把伐倒的树木(原条)按照一定长度规格截断,要求造材长度误差为-2~6cm,因此,林木联合采育机定长造材过程中,通过传感器测量材长并控制测量精度是非常关键的功能,采伐头控制器的 PID 参数整定是其关键技术。林木联合采育机作业过程如图 11-4 所示。

图 11-4 林木联合采育机作业过程

### 11.2.4 PID 参数整定

首先,理解 PID 控制算法。按偏差的比例、积分和微分进行控制(简称 PID 控制)是连续系统控制理论中技术最成熟、应用最广泛的一种控制技术。它结构简单、参数调整方便,是在长期的工程实践中总结出来的一套控制方法。

PID 控制规律:
$$u(t) = K_p \left[ e(t) + \frac{1}{T_i} \int e(t) \mathrm{d}t + T_d \frac{\mathrm{d}e(t)}{\mathrm{d}t} \right] \quad (11-1)$$

其中,$K_p$ 为比例系数;$T_i$ 为积分时间常数;$T_d$ 为微分时间常数。

其次,了解 PID 算法精准控制造材过程。在实际造材过程中,要求控制参数必须准确可靠,避免造成不必要的材料浪费,保证准确的成材尺寸。林木联合采育机造材控制系统是一个典型的工程 PID 控制问题。在这个环节,可训练学生深入理解控制理论和计算机控制系统,进一步掌握工程中 PID 调节规律的程序实现和参数整定,以及抚育采伐机采伐头电液比例控制的驱动方法。通过控制系统参数调节后的进料造材数据和直观的视景仿真进料过程,可以充分让学生体验到利用 PID 调节对于造材过程的控制,同时对林业作业对象也有更为直观的了解。

最后,掌握 PID 参数整定方法。本实验项目使用的整定方法为临界比例度法和反应曲线法,两种方法都属于 Ziegler-Nichols 工程整定法。

临界比例度法适用于未知对象传递函数的场合,在闭合的控制系统中,将调节器置于纯比例作用下,从大到小逐渐改变调节器的比例度,得到等幅振荡的过度过程。此时的比例度称为临界比例度 $\delta K$,相邻两个波峰间的时间间隔称为临界振荡周期 $TK$。用临界比例度法整定 PID 参数的步骤如下。

① 把调节器的积分环节和微分环节断开,比例度置较大数值,把系统投入闭环运行,然后将调节器比例度 $K_p$ 由大逐渐减小,得到临界振荡过程。这时候的比例度称为临界比例度 $K_{pcnt}$,振荡的两个波峰之间的时间即临界振荡周期 $T_n$。

② 根据 $K_{pcnt}$ 和 $T_n$ 的值,运用表 11-2 中的经验公式,计算出调节器各个参数 $K_p$、$T_i$ 和 $T_d$ 的值。

③ 根据计算结果设置调节器的参数值。运行之后,即可得到响应曲线,如图 11-5 所示。

④ 按先 P 后 I 最后 D 的操作程序将调节器的整个参数调到计算值上,若还不够满意则可再进一步调整。

表 11-2 临界比例度法整定控制器参数

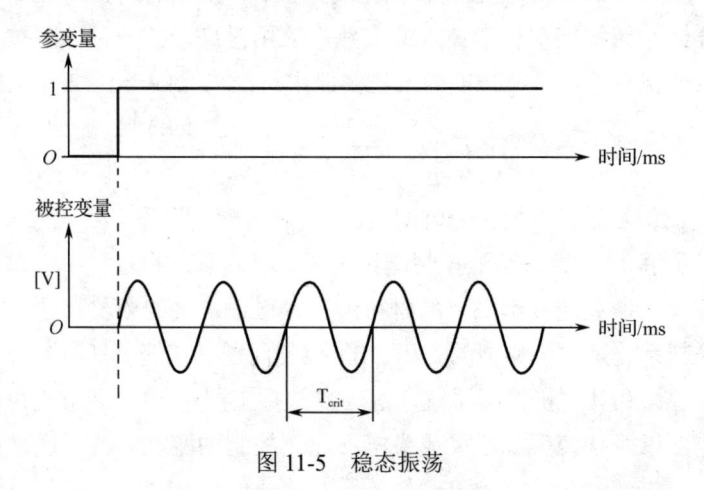

| 控 制 器 | $K_p$ | $T_i$ | $T_d$ |
| --- | --- | --- | --- |
| P | 0.5 $K_{pcnt}$ | … | … |
| PI | 0.45 $K_{pcnt}$ | 0.85 $T_n$ | … |
| PID | 0.6 $K_{pcnt}$ | 0.5 $T_n$ | 0.12 $T_n$ |

图 11-5 稳态振荡

反应曲线法是工程上最常用的快速整定 PID 参数的方法。Ziegler-Nichols 法根据给定对象的瞬态响应来确定 PID 控制器的参数,它首先通过实验,获取控制对象的阶跃响应,即在系统开环、带负载并处于稳定的状态下,给系统输入一个阶跃信号,测量系统的输出响应曲线,如图 11-6 所示。

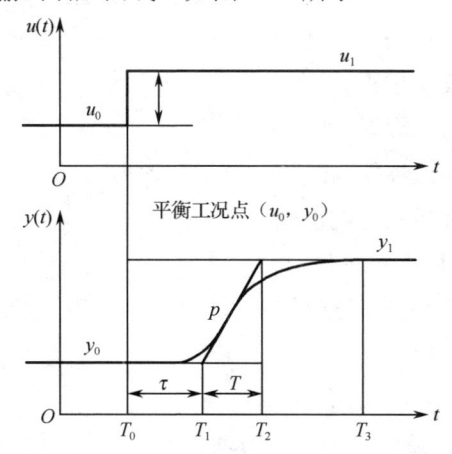

图 11-6 阶跃激励信号与被控对象的阶跃响应曲线

如果阶跃响应曲线 y(t)看起来是一条 S 形的曲线,则可用反应曲线法,否则不能用。

S 形曲线用滞后时间 τ 和时间常数 T 来描述,对象传递函数可近似为

$$\frac{y_{(s)}}{u_{(s)}} = \frac{K e^{-\tau s}}{T s + 1} \tag{11-2}$$

其中,K 是放大系数:

$$K = \frac{y_1 - y_0}{y_{max} - y_{min}} \div \frac{u_1 - u_0}{u_{max} - u_{min}} \tag{11-3}$$

可根据表 11-3 计算出 $K_p$、$T_i$、$T_d$ 的值。

表 11-3 反应曲线法整定控制器参数

| 调 节 规 律 | $K_P$ | $T_i$ | $T_d$ |
|---|---|---|---|
| P | $T/K\tau$ | ∞ | 0 |
| PI | 0.9 $T/K\tau$ | 3.3τ | 0 |
| PID | 1.2 $T/K\tau$ | 2τ–2.2τ | 0.5τ |

## 11.2.5 对应知识点

本实验项目对应 15 个知识点。

(1) 抚育采伐装备的结构与功能。
(2) 抚育采伐装备操作规程。
(3) 间伐、皆伐、渐伐等采伐概念。
(4) 林内割灌的目的与意义及割灌机操作和运动原理。
(5) 生物质收集的目的与意义。
(6) 油锯的操作安全规程。
(7) 作业安全的影响因素与防范知识。
(8) 装备底盘的通过性能（越障、爬坡、动力）。
(9) 机械作业对环境的影响机理。
(10) 造材的目的与意义。
(11) 采伐头的结构与定长造材工艺。
(12) 造材的控制方法。
(13) 木材检尺标准及计算方法。
(14) PID 临界比例度法参数整定方法。
(15) PID 反应曲线法参数整定方法。

## 11.3 抚育采伐作业实验

### 11.3.1 装备参数

本实验项目所用林业装备模型关键技术参数，如表 11-4 所示。

表 11-4 设备及其关键参数

| 设备名称 | 设备型号 | 设备参数 | 设备图标 |
| --- | --- | --- | --- |
| 3150-9f 林木联合采育机 | 3150 型履带式底盘 | 长×宽×高：7 760×2 600×3 090mm<br>整机质量：15 500kg<br>额定功率：85kW<br>液压系统额定流量：2×120L/min<br>液压系统额定压强：30MPa<br>最大牵引力：100kN | |

## 第11章 人工林抚育采伐作业及造材控制虚拟仿真实验

续表

| 设备名称 | 设备型号 | 设备参数 | 设备图标 |
|---|---|---|---|
| 3150-9f 林木联合采育机 | LAKO43 HD 采伐头 | 进料速度：0~5m/s<br>进给力：18~20kN<br>采伐扭矩：6kNm<br>最大采伐树径：51cm<br>打枝最大树径：43cm<br>功率：40kW<br>链条速度：40m/s<br>宽度：1 250mm<br>长度：1 270mm<br>高度：1 050mm/1 450mm<br>质量：740kg<br>采伐径级：40~510mm<br>打枝径级：40~430mm |  |
| 清林割灌机 | XGJ-BC 新型清林割灌机 | 行走速度（km/h）：3.1/5.4<br>空转转速（1/min$^2$）：2 800<br>调节转速（1/min$^2$）：12 300<br>600 型和 900 型林木铣盘和清林锯盘 |  |
| 集材运输机 | 轮摆式集材运输车 | 1804A 拖拉机搭配 W-6-8T 抓木拖车<br>拖拉机结构型式：4×4 四轮驱动<br>发动机功率：132.4kW<br>发动机标定转速：2 300r/min<br>标定牵引力：>35kN<br>轴距：2 820mm<br>燃油箱容积：350L<br>拖拉机质量：6 100kg<br>拖车吊臂式抓机：6.5m 两节伸缩<br>最大臂展：6.5m<br>臂展 4m 时起质量：900kg<br>最大臂展时起质量：500kg<br>提升力矩：63kNm<br>立柱旋转扭力矩：11.1kNm<br>旋转角度：360°<br>旋转缸数量：4<br>吊臂质量：883kg<br>载重量：5~8t |  |

续表

| 设备名称 | 设备型号 | 设备参数 | 设备图标 |
|---|---|---|---|
| 油锯 | STIHL 20寸 MS382油锯 | 锯链刻度：3/8" <br> 机油箱容积：0.36L <br> 燃油箱容积：0.68L <br> 整机质量：5.9kg <br> 功率 kW/hp：3.9/5.3 <br> 怠速转速：2 400r/min <br> 最高转速：12 500r/min <br> 动力质量比：1.7kg/kW <br> 声压等级：103dB (A) <br> 左/右振动值：5.3/7.1m/s$^2$ <br> 排气量：72.2cm$^3$ | |
| 林用拖拉机 | 1804A拖拉机 | 拖拉机结构型式：4×4四轮驱动 <br> 发动机功率：132.4kW <br> 发动机标定转速：2 300r/min <br> 标定牵引力：>35kN <br> 轴距：2 820mm <br> 燃油箱容积：350L <br> 拖拉机质量：6 100kg <br> 加固型8轮自卸拖斗 <br> 额定载重：6t <br> 拖斗质量：1 800kg <br> 车箱尺寸：4.5×2.15×0.55m <br> 倾卸方式：液压 <br> 倾卸方向：侧卸或后卸 | |
| 抓具式装载机 | DLKL 04液压旋转式抓具式装载机 | 抓具质量：390kg <br> 开档尺寸：1 400M/m <br> 工作压力：11～14Pa <br> 设定压力：17Pa <br> 工作流量：30～55L/min <br> 旋转角度：360 | |
| 生物质粉碎机 | 立式生物质粉碎机 | 投料槽直径：2m <br> 碾磨盘内径：3.05m <br> 发动机功率：746kW <br> 主轴转速：2 950r/min <br> 整机质量：33 339kg <br> 长×宽×高：1 300×360×410cm | |

## 第11章 人工林抚育采伐作业及造材控制虚拟仿真实验

续表

| 设备名称 | 设备型号 | 设备参数 | 设备图标 |
|---|---|---|---|
| 钻机 | SY170旋挖钻机 | 总重：26 200kg<br>钻机行程：17 000mm<br>成孔直径范围：600～2 200mm<br>最大成孔深度：17 000mm<br>动力头最大输出扭矩：16 000Nm | |
| 立木整枝机 | BSR-Z23遥控自动立木整枝机 | 长×宽×高：630×570×830mm<br>最大树枝切割直径：3.5cm<br>驱动轮：3个充气轮胎<br>无线遥控距离：60m（开阔空间）、30m（林内）<br>整机质量：28kg<br>最大功率：1.5kW<br>适应树干直径：8～23cm<br>作业速度—上升：1.8～2.5m/min | |

### 11.3.2 实验过程

抚育采伐作业实验分为21个步骤开展。

**步骤1**：登录项目网站 http://linye.bjfu.owvlab.net/virexp/wycf，进入网站了解项目描述、特色、网络要求等相关信息，并单击"教学入口"按钮。

**步骤2**：单击"开始实验"按钮进行实验，如图11-7所示。

图11-7 进入实验界面

① 培训认知模块。

**步骤3**：选择"培训认知"模块，即可进入第一部分实验，如图11-8所示。

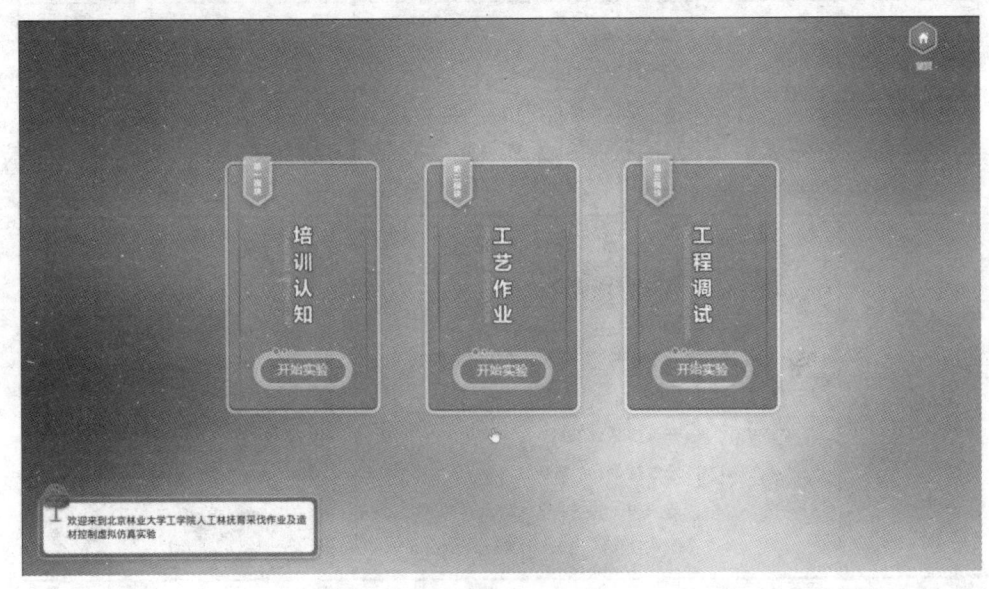

图11-8　实验模块选择

**步骤4**：进入林区环境，单击顶部"环境认知"按钮进行林区漫游和林区认知，充分了解林区现场情况，如图11-9所示。

图11-9　林区环境漫游

## 第11章　人工林抚育采伐作业及造材控制虚拟仿真实验

**步骤5**：单击"安全认知"按钮，学习林区环境作业的安全认知、林用设备操作规范和典型安全事故演示，界面如图11-10所示。

图11-10　安全认知界面

**步骤6**：单击"设备认知"按钮，逐一认知林木采伐机、割灌机、集材等关键设备的型号和参数，并单击对应设备图下方的运动演示按键，对我国现有先进林业装备有一定认知和了解，如图11-11所示。

图11-11　设备认知界面

**步骤 7**：单击"作业认知"按钮，再单击"设备操作说明"按钮学习林木联合采育机、清林割灌机、油锯等设备的操作规范，如图 11-12 所示。

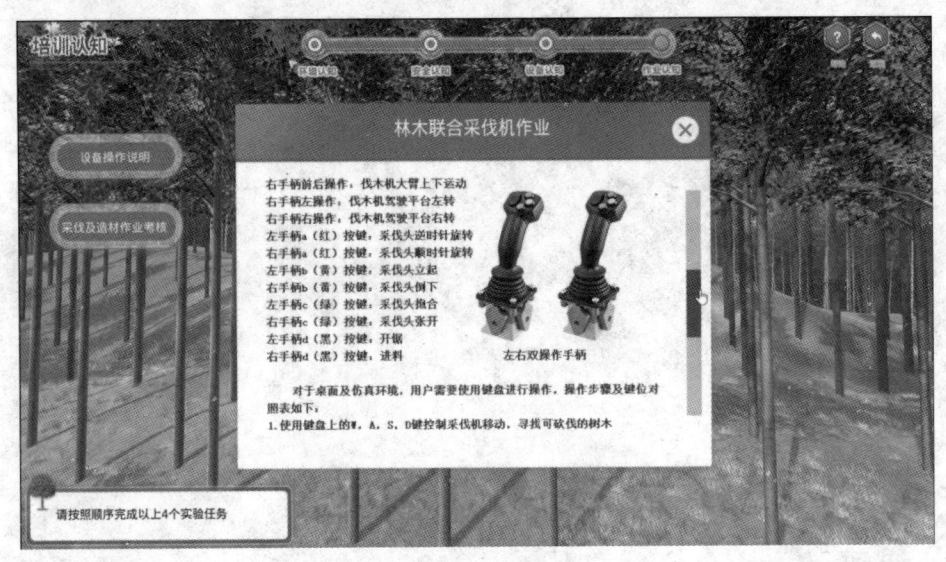

图 11-12  作业认知界面

**步骤 8**：单击"采伐及造材作业考核"按钮，进入采伐头控制器界面，如图 11-13 所示，进行相关参数的选择，系统提示学生选取树种为桉树（树种提供松树、桉树、杨树等类型），造材长度可选 200cm、400cm 和 600cm，最大直径为 430mm，PID 控制器选择"关"。

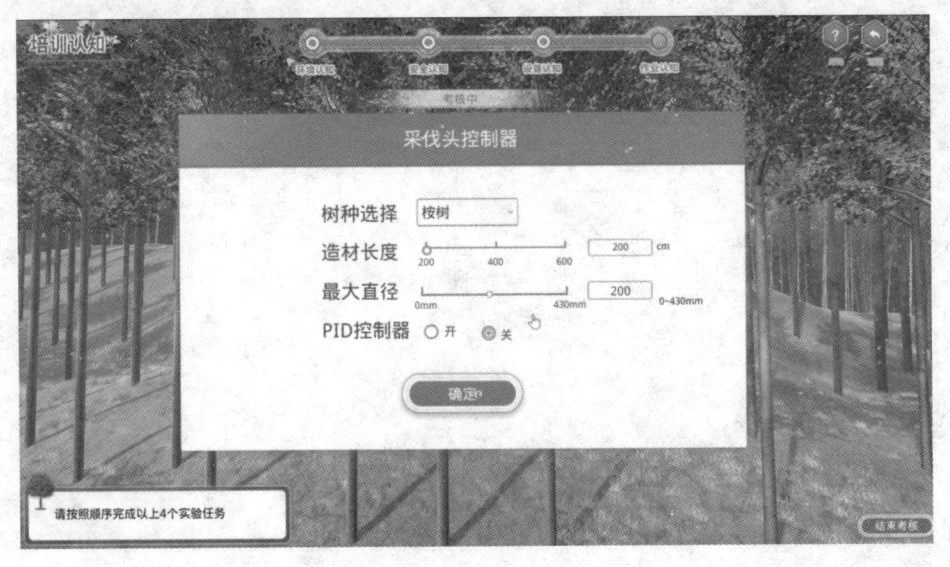

图 11-13  采伐头控制器界面

# 第 11 章　人工林抚育采伐作业及造材控制虚拟仿真实验

**步骤 9**：开始采伐及造材作业考核，仔细阅读林木联合采育机操作键位对照表，如表 11-5 所示，并尝试操作采伐机。

表 11-5　林木联合采育机作业内容与符号

| \multicolumn{4}{c} 林木联合采育机作业内容与符号 |
|---|---|---|---|
| W | 采伐机前进 | Y | 采伐头逆时针旋转 |
| A | 采伐机左转 | H | 采伐头顺时针旋转 |
| S | 采伐机后退 | U | 采伐头立起 |
| D | 采伐机右转 | J | 采伐头倒下 |
| Q | 平台左转 | I | 采伐头抱合 |
| E | 平台右转 | K | 采伐头张开 |
| R | 大臂抬升 | C | 切换视角 |
| F | 大臂下放 | M | 开锯 |
| T | 小臂抬升 | L | 进料 |
| G | 小臂下放 | | |

**步骤 10**：选择一棵指定树木开展采伐考核，按照自动采伐示例要求完成作业，作业通过后进入下一个模块学习，如图 11-14 所示，若不通过则继续学习采伐机操作，选择"放弃考核"将会扣除相应分数。

图 11-14　考核通过界面

② 工艺作业模块。

选择图 11-8 中"工艺作业"模块，进入第二部分实验。

**步骤 11**：查看抚育和采伐任务要求，选择合适设备，如图 11-15 所示。

图 11-15　设备选择界面

**步骤 12**：定制抚育和采伐工艺流程图，如图 11-16 所示，根据步骤 11 所选设备将其拖到正确的流程框中，若设备选择错误则返回步骤 11，放弃选择会扣除相应分数。

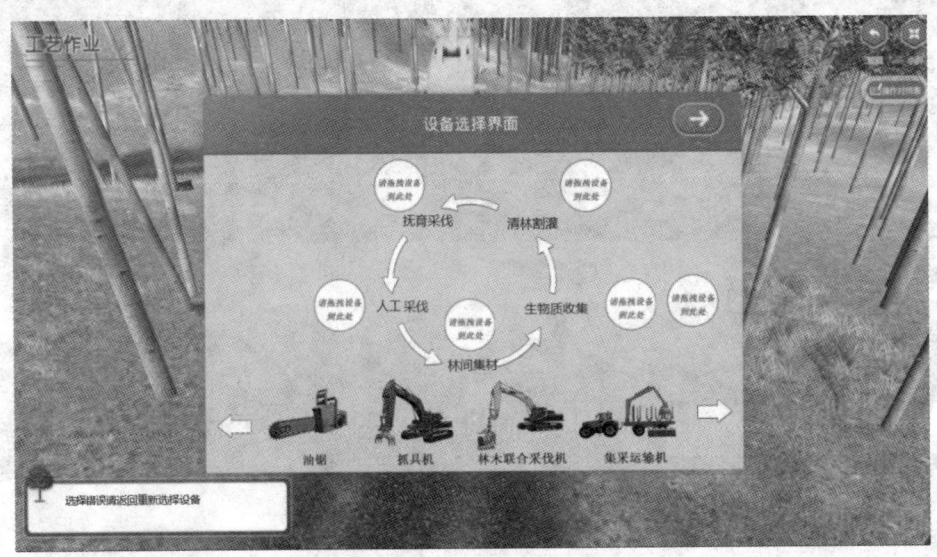

图 11-16　抚育和采伐工艺流程图

第 11 章　人工林抚育采伐作业及造材控制虚拟仿真实验

**步骤 13**：开展清林割灌作业，进行抚育割灌和道路割灌操作，如图 11-17 所示。

图 11-17　开展清林割灌作业

**步骤 14**：开展抚育采伐作业，设置采伐头控制器，设置树种、长度、直径等参数，控制林木联合采育机移动到指定采伐区域。

**步骤 15**：单击"试采"按钮，再单击"自动采伐"按钮，开展采伐作业，如图 11-18 所示。

图 11-18　采伐机作业图

· 121 ·

**步骤 16**：选择坡度较陡的区域，开展人工油锯采伐作业，如图 11-19 所示。

图 11-19　油锯作业图

**步骤 17**：单击"集材"按钮，集材车开始自动集材并运往楞场归楞，如图 11-20 所示。

图 11-20　集材作业图

**步骤 18**：单击"生物质收集"按钮，抓具自动抓取割灌、抚育、采伐所留林业生物质并装车，如图 11-21 所示。

图 11-21 采集生物质

**步骤 19**：在楞场对已造材完成的木材归楞，如图 11-22 所示。

图 11-22 木材归楞处理

**步骤 20**：对"试采"的木材进行测量，单击"测量"按钮，生成原木检量表，如图 11-23 所示，观察所得数据。

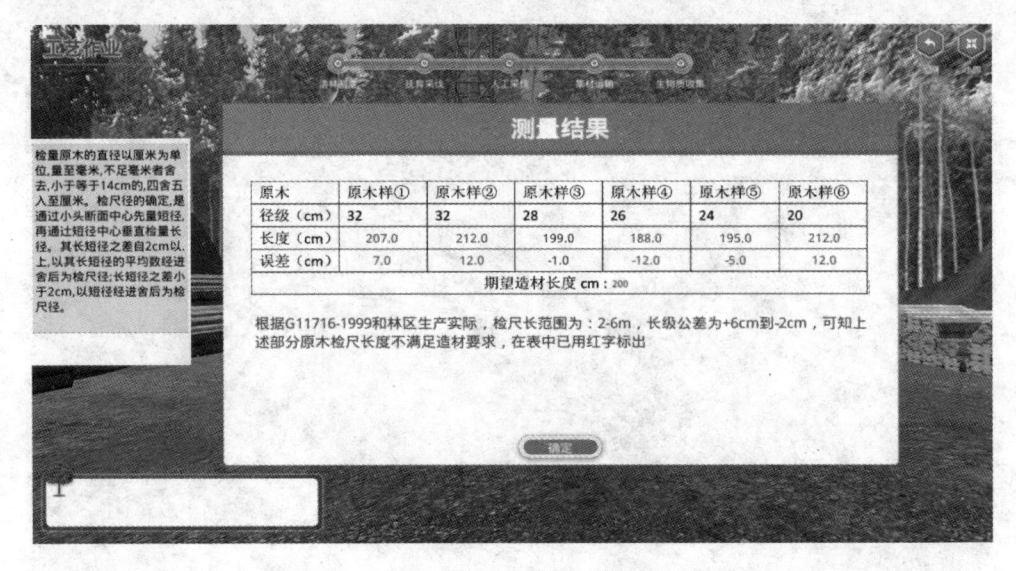

图 11-23  原木检量结果

**步骤 21**：分析误差率，浅色数据部分为不合格长度数据，判定试采未达定长造材要求精度（误差要求为-2~6cm），系统提示是否进入下一个模块，选择"是"，即可进入造材 PID 控制实验。

## 11.4  造材 PID 控制实验

### 11.4.1  实验参数

1）模型参数

根据北京林业大学承担的国家"十一五"科技支撑重大项目课题：多功能林木采育作业关键技术装备研究与开发（2006BAD11A15）科研成果，造材进料控制系统的开环传递函数可近似为

$$G(s) = \frac{10}{s^3 + 9s^2 + 23s + 15} \tag{11-4}$$

2）设定参数

实验中涉及的参数要求有以下 5 条。

（1）预期造材长度 200cm、400cm 和 600cm 可选；

（2）根据国家标准 GBT4816—1984《杉原条检验》误差精度要求，定长造材允许误差为-2~6cm；

（3）临界比例度法的比例度 $K_{pcnt}$ 调节范围为 0~50（从大往小调，取整）；

（4）进料辊控制系统 PID 控制器开环阶跃响应曲线的调节时间小于 5s；

（5）进料辊控制系统 PID 控制器开环阶跃响应曲线允许最大的超调小于 60%。

本实验项目要求出材率大于 80%［出材率按规格材与非规格材之和计算，根据标准木的胸径与树高查询二元材种出材率表得出，胸径按照第一段（离地）木材的径级计算］。

### 11.4.2 实验过程

林木联合采育机造材过程中最常见的问题就是定长造材不准，需要进行工程调试，本实验的核心问题主要为林机设备采伐头控制器 PID 参数整定，其实验流程图如图 11-24 所示，并分为 24 个步骤开展。

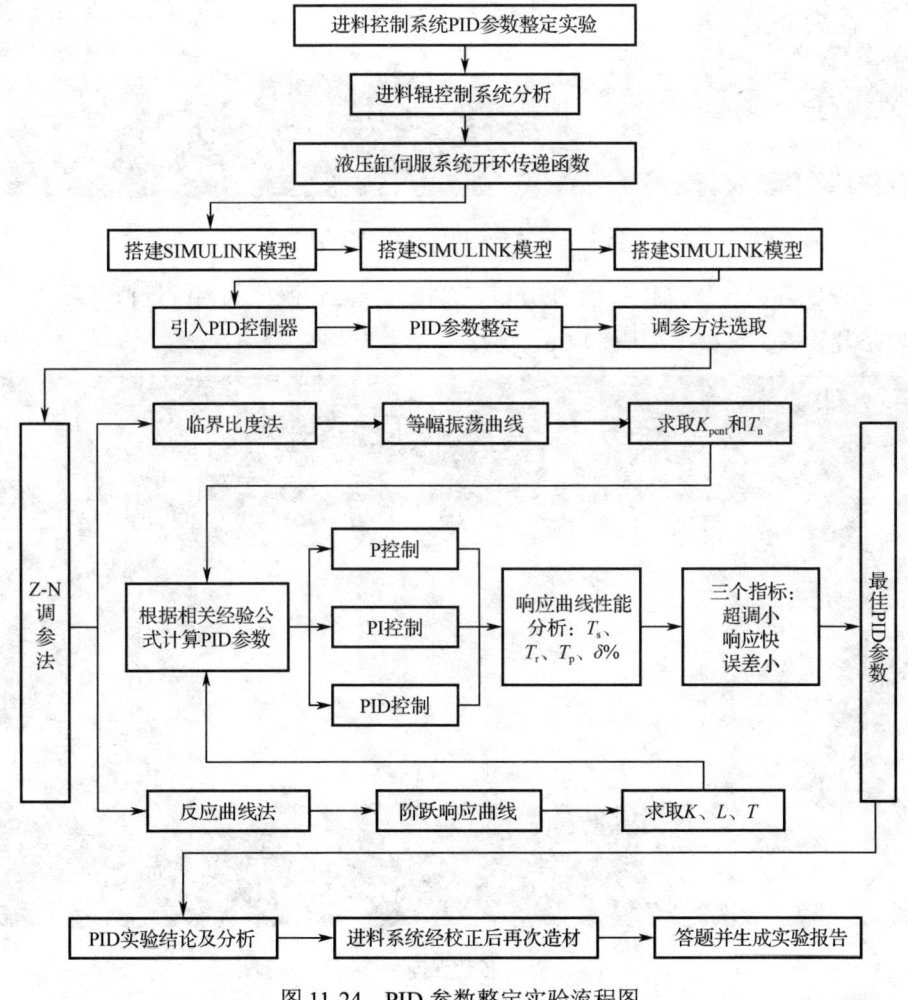

图 11-24 PID 参数整定实验流程图

**步骤 1**：单击进入 PID 参数整定实验，学生在引导下依次完成实验目的、实验原理及实验任务的认知，如图 11-25 所示。

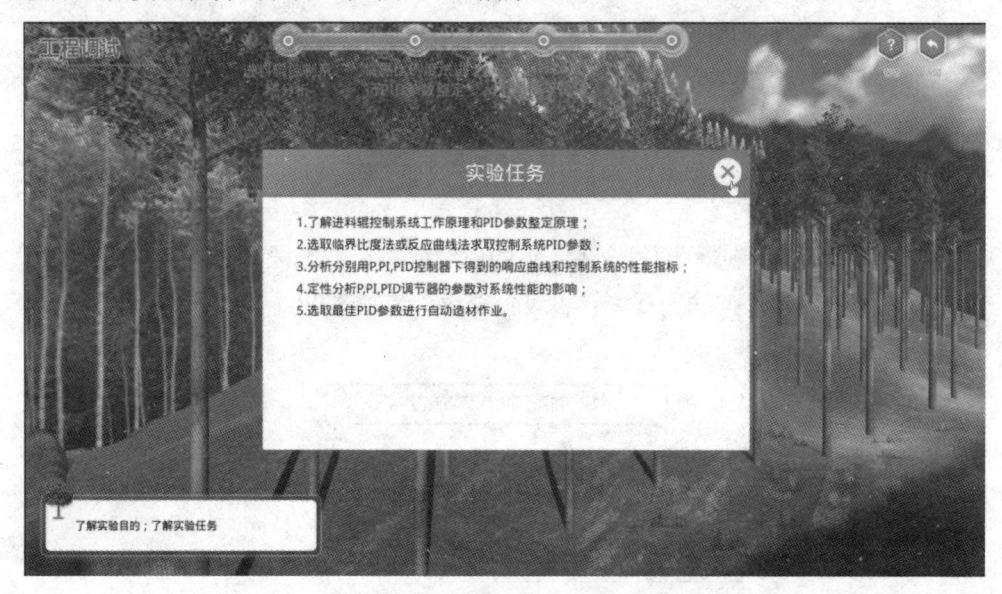

图 11-25　进入 PID 参数整定实验

**步骤 2**：进行进料辊控制系统分析，选择液压缸伺服控制系统近似开环传递函数，搭建误差反馈模型如图 11-26 所示。

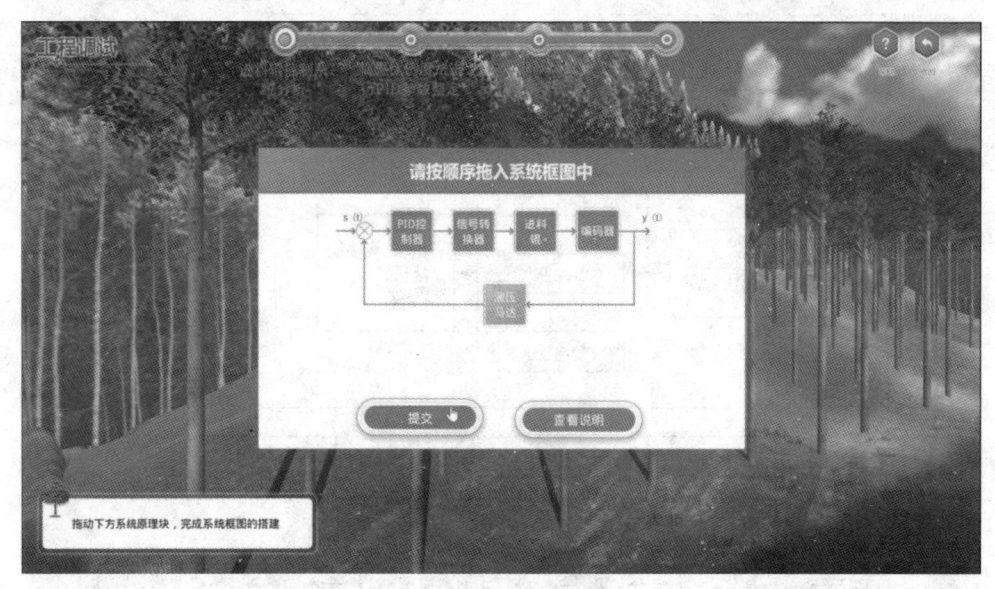

图 11-26　搭建误差反馈模型

## 第11章　人工林抚育采伐作业及造材控制虚拟仿真实验

**步骤3**：断开反馈连线，得到系统开环单位阶跃响应曲线，观察图11-27的响应曲线，得出观察结论。可见系统未引入 PID 控制器时得到的输出响应曲线调节时间过长，不符合工程实际生产要求。

图 11-27　系统开环单位阶跃响应曲线

**步骤4**：考虑加入 PID 控制器，本模块实验提供两种 PID 参数整定方法，分别是临界比例度法和反应曲线法，学生选取其中一种方法进行 PID 参数整定，查看实验原理，学习所选方法参数整定过程。

**步骤5**：以选择临界比例度法为例，使用临界比例度法进行参数整定。首先需要得到临界比例度 $K_{pcnt}$ 的值，获取系统的等幅振荡曲线，计算方法如表 11-6 所示。

表 11-6　临界比例度法计算方法

| 控　制　器 | $K_p$ | $T_i$ | $T_d$ |
| --- | --- | --- | --- |
| P | 0.5 $K_{pcnt}$ | … | … |
| PI | 0.45 $K_{pcnt}$ | 0.85 $T_n$ | … |
| PID | 0.6 $K_{pcnt}$ | 0.5 $T_n$ | 0.12 $T_n$ |

**步骤6**：系统进入 $K_{pcnt}$ 调节界面（见图11-28），这里可以设置调节精度（1、2 和 5），$K_{pcnt}$ 的值从大到小（50~0）进行实验并观察，每次调节后响应曲线都会随之变化直到输出等幅振荡曲线为止，此时的 $K_{pcnt}$ 即所需的值。

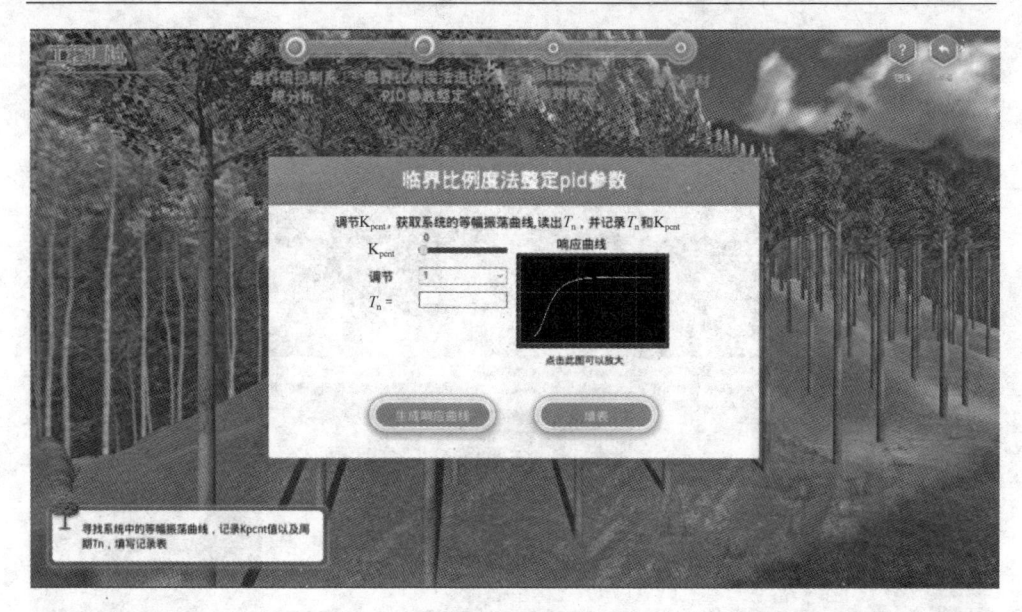

图 11-28 调参界面

**步骤 7**：从等幅振荡曲线上读取振荡周期 $T_n$，如图 11-29 所示，单击"填表"按键，将 $K_{pcnt}$ 和 $T_n$ 的值记录在实验报告中。

图 11-29 读取数值

**步骤 8**：根据 $K_{pcnt}$ 和 $T_n$ 的值，运用表 11-6 中的经验公式，计算出调节器各个参数 $K_p$、$T_i$ 和 $T_d$ 的值，并填写表 11-7。

## 第11章 人工林抚育采伐作业及造材控制虚拟仿真实验

表 11-7 不同类型控制器的 PID 参数

| 控制器类型 | $K_p$ | $T_i$ | $T_d$ |
| --- | --- | --- | --- |
| P |  | ∞ | 0 |
| PI |  |  | 0 |
| PID |  |  |  |

**步骤 9**：得到的三组数据，分别绘制系统在 P、PI、PID 控制下的响应曲线，如图 11-30 所示，每个曲线下有四个性能指标：调节时间和超调量及上升时间和峰值时间。曲线右侧有该控制下的进料辊进料动画。单击"P"方法，绘制系统在 P 控制下的响应曲线，系统记录此时的响应曲线和四个性能指标。

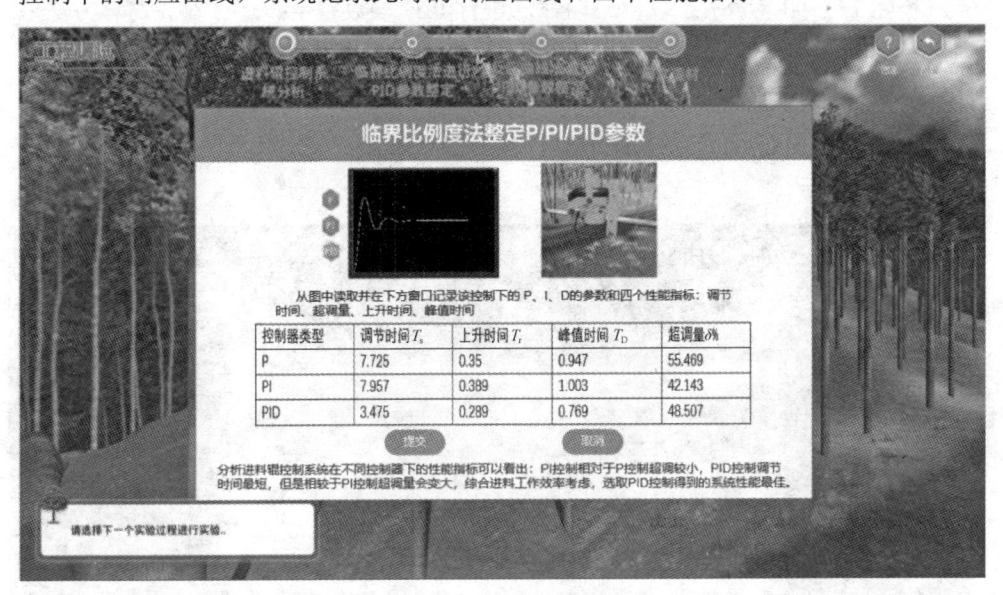

图 11-30 临界比例度法调参界面

**步骤 10**：单击"PI"方法，绘制系统在 PI 控制下的响应曲线，系统记录此时的响应曲线和四个性能指标。

**步骤 11**：单击"PID"方法，绘制系统在 PID 控制下的响应曲线，系统记录此时的响应曲线和四个性能指标。

**步骤 12**：临界比例度法在不同控制器下的响应曲线的性能比较，如表 11-8 所示，可以看出，PI 控制相对于 P 控制超调较小，PID 控制调节时间最短，但是超调会变大，综合以上因素及进料辊工作效率，选取 PID 控制性能最佳。

表 11-8　临界比例度法在不同控制器下的性能指标

| 控制器类型 | 调节时间 $T_s$/s | 上升时间 $T_r$/s | 峰值时间 $T_p$/s | 超调量 $\delta$/% |
|---|---|---|---|---|
| P | 7.725 | 0.35 | 0.947 | 55.469 |
| PI | 7.957 | 0.389 | 1.003 | 42.143 |
| PID | 3.475 | 0.289 | 0.769 | 48.507 |

**步骤 13**：系统弹出对话框，可选取反应曲线法继续进行 PID 参数整定，也可以直接开始再次造材。选取反应曲线法进行 PID 参数整定继续步骤 14，如果学生选取再次造材则跳到步骤 22；

**步骤 14**：如果学生选取反应曲线法进行 PID 参数整定，那么首先对该方法原理进行详细介绍，然后以表格形式给出该方法在 P、PI、PID 控制下的 PID 参数计算公式。

**步骤 15**：通过所给控制系统的开环传递函数求出控制对象开环阶跃响应曲线，如图 11-31 所示。

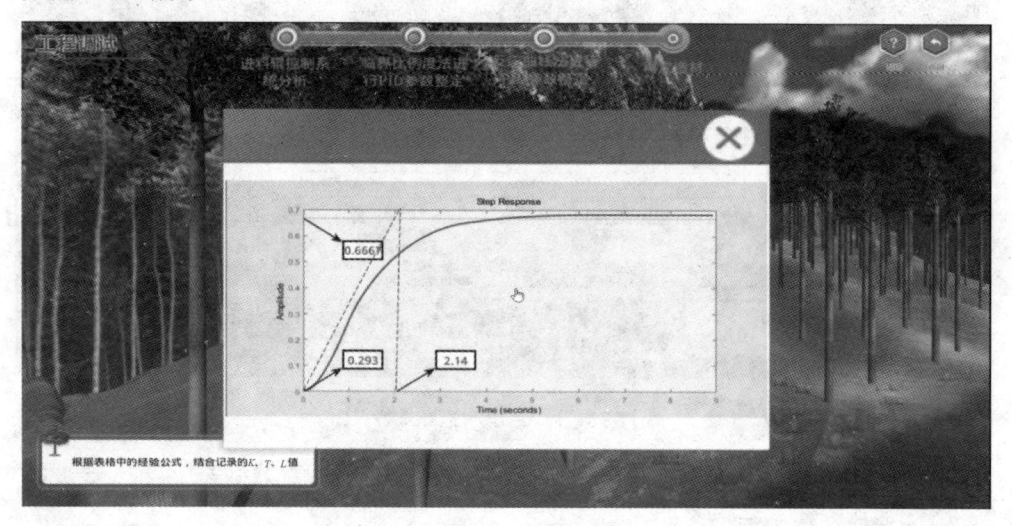

图 11-31　控制对象开环阶跃响应曲线

**步骤 16**：根据开环阶跃响应曲线求取并记录被控对象的动态特性参数 $K$、$L$、$T$，由图 11-32 可知等效滞后时间 $L$=0.293s，等效时间常数 $T$=2.24−0.293=1.947s，$K$=0.666 7。

**步骤 17**：根据 $K$、$L$、$T$ 的值，运用表 11-2 中的经验公式，计算出调节器各个参数 $K_p$、$T_i$ 和 $T_d$ 的值，并填写表 11-9 内数据。

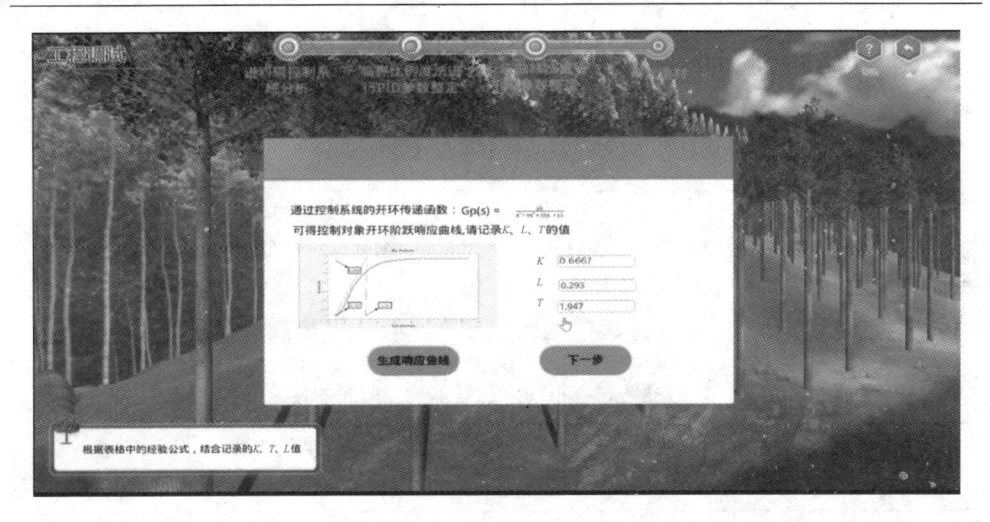

图 11-32　求取数值

表 11-9　不同控制器下的 PID 参数

| 控制器类型 | $K_p$ | $T_i$ | $T_d$ |
| --- | --- | --- | --- |
| P | | | |
| PI | | | |
| PID | | | |

**步骤 18**：由上面得到的三组数据，分别绘制系统在 P、PI、PID 控制下的响应曲线，如图 11-33 所示，每个曲线下有四个性能指标：调节时间、超调量、上升时间和峰值时间。曲线右侧有该控制下的进料辊进料动画。单击"P"方法，绘制系统在 P 控制下的响应曲线，系统记录此时的响应曲线和四个性能指标。

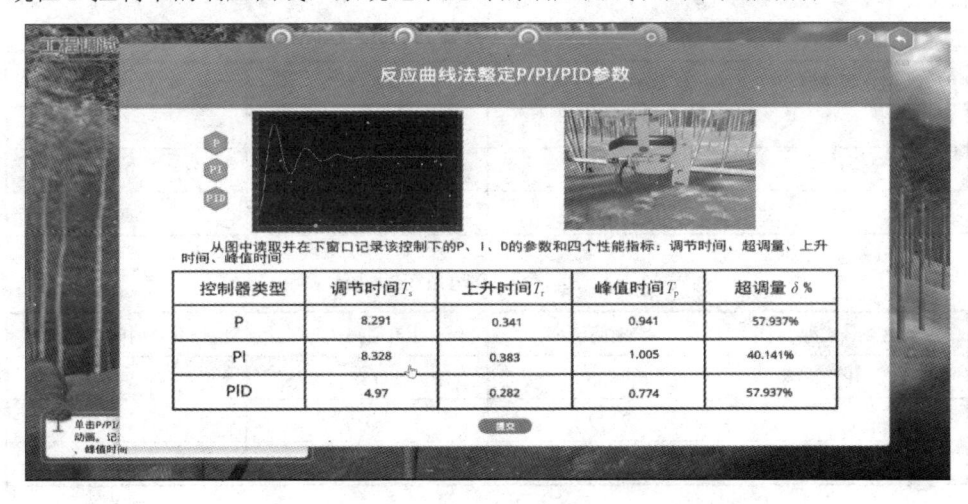

图 11-33　反应曲线法调参界面

**步骤 19**：单击"PI"方法，绘制系统在 PI 控制下的响应曲线，系统记录此时的响应曲线和四个性能指标。

**步骤 20**：单击"PID"方法，绘制系统在 PID 控制下的响应曲线，系统记录此时的响应曲线和四个性能指标。

**步骤 21**：反应曲线法在不同控制器下响应曲线的性能指标比较如表 11-10 所示，可以看出，PI 控制相对于 P 控制超调较小，PID 控制调节时间最短，但是超调会变大，综合以上因素及进料辊工作效率，选取 PID 控制性能最佳。

表 11-10　反应曲线法在不同控制器下响应曲线的性能指标比较

| 控制器类型 | 调节时间 $T_s$/s | 上升时间 $T_r$/s | 峰值时间 $T_p$/s | 超调量 $\delta$/% |
|---|---|---|---|---|
| P | 8.291 | 0.341 | 0.941 | 57.937 |
| PI | 8.328 | 0.383 | 1.005 | 40.141 |
| PID | 4.97 | 0.282 | 0.774 | 57.937 |

补充：在临界比例度法求取 $K_{pcnt}$ 时，根据等幅振荡曲线所得的 $K_{pcnt}$ 值并不唯一，实验发现当 $K_{pcnt}$ 取 18、19、20 这 3 个数时，曲线形状相似，都很接近等幅振荡的临界状态，但是仔细观察发现只有当 $K_{pcnt}$ 取 19 时曲线才最接近等幅振荡，但是如果学生由于粗心误选 $K_{pcnt}$ 为 18 或者 20，那么他将会算出与之前不同的 PID 参数，系统仍然会将这些参数对应的曲线和性能指标输出，但是由于其性能指标不同，系统在给该部分打分时将给予不同分数。

表 11-11、表 11-12、表 11-13 分别是当 $K_{pcnt}$ 取 18、19、20 这 3 个数时，不同控制器下系统的性能指标。

表 11-11　$K_{pcnt}$ 取 18 时系统的性能指标

| 控制器类型 | 调节时间 $T_s$/s | 上升时间 $T_r$/s | 峰值时间 $T_p$/s |
|---|---|---|---|
| P | 8.232 | 0.359 8 | 0.954 |
| PI | 7.788 | 0.405 5 | 1.010 |
| PID | 3.809 | 0.300 3 | 0.803 |

表 11-12　$K_{pcnt}$ 取 19 时系统的性能指标

| 控制器类型 | 调节时间 $T_s$/s | 上升时间 $T_r$/s | 峰值时间 $T_p$/s |
|---|---|---|---|
| P | 7.725 | 0.35 | 0.947 |
| PI | 7.957 | 0.389 | 1.003 |
| PID | 3.475 | 0.289 | 0.769 |

## 第11章 人工林抚育采伐作业及造材控制虚拟仿真实验

表 11-13　$K_{pcnt}$ 取 20 时系统的性能指标

| 控制器类型 | 调节时间 $T_s$/s | 上升时间 $T_r$/s | 峰值时间 $T_p$/s |
| --- | --- | --- | --- |
| P | 8.19 | 0.340 7 | 0.940 |
| PI | 7.963 | 0.378 4 | 0.996 |
| PID | 4.07 | 0.282 16 | 0.769 |

可见，$K_{pcnt}$ 为 18~20，虽然当 $K_{pcnt}=19$ 时，系统在 PID 控制下的调节时间最快，但是总体来看系统的动态性能指标相近，因此，学生选取 $K_{pcnt}$ 为 18 和 20 时也可以分别获得该部分 90% 和 85% 的分数。

**步骤 22**：再次造材，并观察数据是否达到设定造材要求。

选择经实验分析得到的 PID 参数，进料辊控制系统经校正后再次进行造材，进入此步骤后，首先进入采伐头控制器界面，单击引入 PID 控制器并填写所选方法实验得到调参数据，其他参数不变，如图 11-34 所示。学生在皆伐区域选取胸径约为 350mm 的树木，选取 5~10 棵树后（如果学生操作采伐机无法进行采伐作业的树木，如该树木在陡坡或者植株密度较大的地方，则系统会提示"该树木不可被伐木机采伐"），系统自动将树木进行采伐并造材，然后生成造材表格，造材参数满足实验要求，完成实验，如图 11-35 所示。

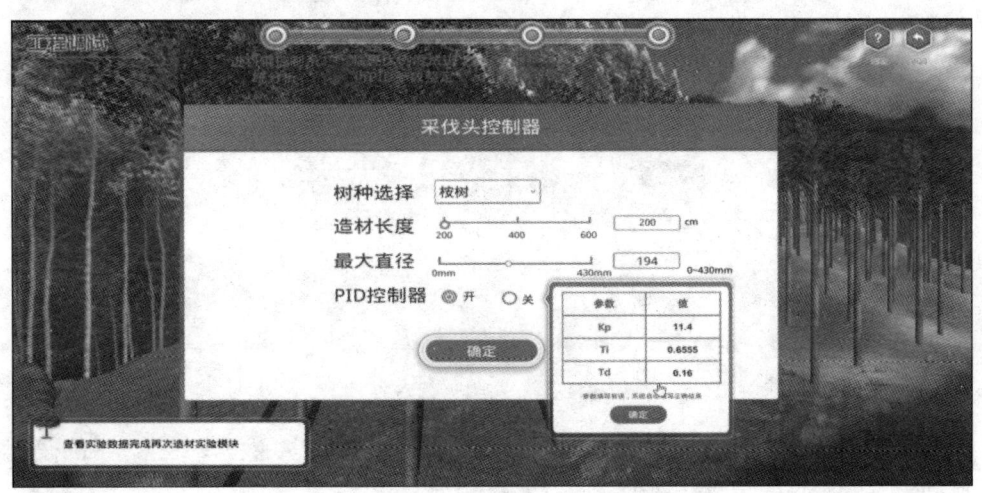

图 11-34　引入 PID 控制器的采伐头控制器界面

**步骤 23**：开展理论考核，下翻网页，找到实验报告内容并完成实验报告的理论考核部分，如图 11-36 所示。

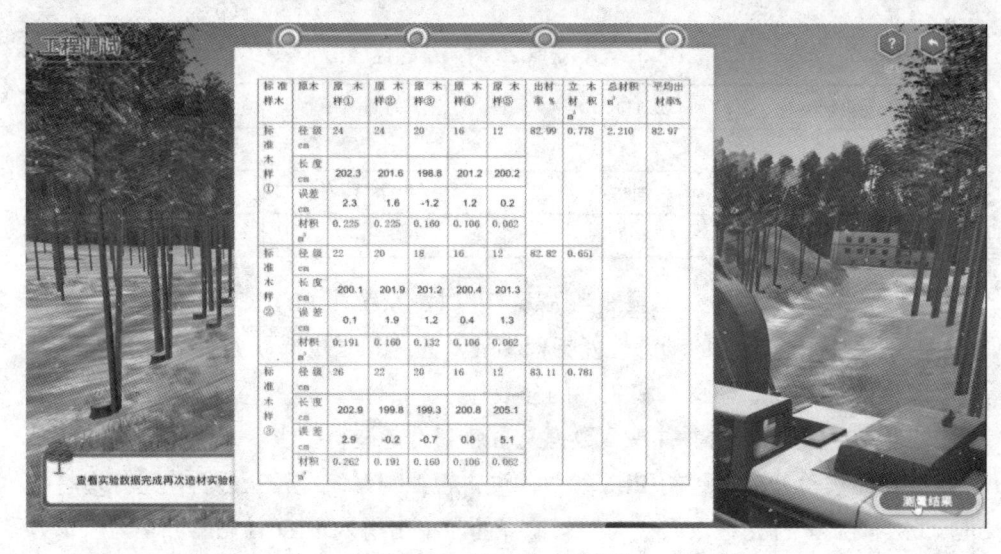

图 11-35　再次生成造材表

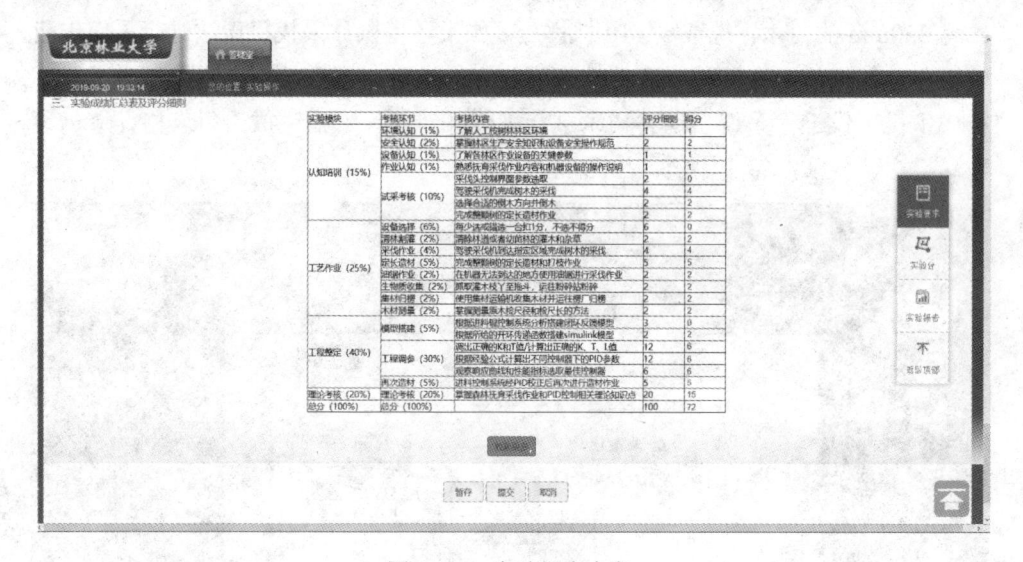

图 11-36　实验报告内容

**步骤 24**：单击"提交"按钮，系统自动记录实验过程（数据、表格、曲线等）生成完整实验报告，等待教师批阅，实验结束。

## 11.5　本章小结

人工林抚育采伐作业及造材控制虚拟仿真实验是以国家级虚拟仿真实验教学项目和国家级一流本科课程为例的，实验基本原理内容包含林区作业基本知识、

### 第11章　人工林抚育采伐作业及造材控制虚拟仿真实验

抚育采伐工艺、采伐机定长造材、PID参数整定四部分内容，大大提升了学生的创新实践能力。学生可以在反复仿真实践中，充分掌握林业机械装备操作和工艺流程，培养学生解决复杂工程问题的能力。

1）延伸了实验内容的深度、广度和实验空间

传统的实验以观看装备作业视频为主，本虚拟仿真实验可以使学生沉浸在虚拟环境中，实现作业的人机交互，提高学生的兴趣和知识获得感。在原来以理论讲授为主的PID控制教学基础上，结合虚拟控制，实现反复控制设计，深刻理解理论知识和应用技术。以传统实验教学为理论基础，对传统实验教学进行了完善、扩展和提升。

2）拓展了共享与辐射的范围

该项目不仅供本校学生使用，还与国家林业和草原局北京林业机械研究所等科研院所和企业共享，为提升专业技术人才培养能力提供了丰富的资源。面向社会开放运行，为林业装备和相关专业培训提供了平台，也辐射带动了林业工程行业的发展，产生了一定的社会效益。

## 11.6　习　　题

（1）简述PID控制的原理和特点，以及常用参数整定方法。

（2）完成人工林抚育采伐作业及造材控制虚拟仿真实验，通过PID控制实现采伐头作业。

# 参考文献

[1] 熊有伦. 机器人学[M]. 北京：机械工业出版社，1992.

[2] 理查德·摩雷，李泽湘，夏卡恩，著. 机器人操作的数学导论[M]. 徐卫良，钱瑞明，译. 北京：机械工业出版社，1998.

[3] 王永岗. 分析力学[M]. 北京：清华大学出版社，2019.

[4] 哈尔滨工业大学理论力学教研室. 理论力学（第Ⅱ册）[M]. 第六版，2016.

[5] 冯纯伯，费树岷. 非线性控制系统分析与设计[M]. 北京：电子工业出版社，1998.

[6] 孙富春，孙增圻，张钹. 机械手神经网络稳定自适应控制的理论与方法[M]. 北京：高等教育出版社，2005.

[7] 程伯文. 基于Unity3D的林木联合采育机采伐虚拟驾驶仿真系统研究[D]. 北京林业大学，2018.

[8] 葛桃桃. 林木联合采育机运动分析与虚拟仿真系统研究[D]. 北京林业大学，2017.

[9] 杨英浩，刘晋浩，郑一力，等. 林木联合采育机机械臂避障路径规划[J].林业科学，2021，57（02）:179-192.

[10] 程伯文，郑一力，黄青青，刘晋浩. 基于Unity3D 的林木联合采育机虚拟训练系统研究[J]. 系统仿真学报，2018，30（04）:1310-1318.

[11] 葛桃桃，郑一力，刘晋浩. 林木联合采育机自主作业的虚拟仿真系统[J]. 东北林业大学学报，2017，45（01）:71-76.

[12] 郭秀丽. 采伐联合机机械手运动分析与控制系统研究[D]. 东北林业大学，2011.

[13] 魏占国. 林木联合采育机底盘设计理论研究与应用[D]. 北京林业大学，2010.

[14] 沈嵘枫. 林木联合采育机执行机构与液压系统研究[D]. 北京林业大学，2010.

[15] 赵文锐，刘晋浩. 伐木联合机的现状及发展[J]. 林业机械与木工设备，2008，36（11）:10-12.

[16] 王典，刘晋浩，王建利. 基于系统聚类的林地内采育目标识别与分类[J]. 农业工程学报，2011，27（12）:173-177.

[17] 傅招国. 虚拟驾驶系统开发与应用研究[D]. 华东理工大学，2012.

# 参考文献

[18] 郭秀丽. 采伐联合机机械手运动分析与控制系统研究[D]. 东北林业大学, 2011.

[19] 金若梅. 基于虚拟现实的汽车驾驶模拟系统的设计与实现[D]. 东南大学, 2015.

[20] 李安定. 虚拟现实建模技术研究及其在汽车驾驶模拟器中的应用[D]. 武汉理工大学, 2006.

[21] 李超. 智能寻路算法在电子游戏中的研究与应用[D]. 中南民族大学, 2015.

[22] 李永强. 基于Unity3D的神经外科虚拟手术训练软件设计与开发[D]. 浙江工业大学, 2016.

[23] 刘桂阳, 李思莹. 农田喷灌车虚拟仿真设计[J]. 农机化研究, 2014(12):24-29.

[24] 刘桂阳, 李媛媛, 张园园. 虚拟农场地形地貌建模研究[J]. 湖北农业科学, 2015, 54(07):1726-1730.

[25] 刘立, 刘雪伟, 孟宇. 基于OGRE的铰接式地下矿车驾驶模拟系统[J]. 农业机械学报, 2013, 44(08):38-44, 68.

[26] 龙诗军. 基于Unity3D的Android街机游戏开发关键技术研究[D]. 广东工业大学, 2015.

[27] 史国振, 孙汉旭, 贾庆轩, 等. 空间机器人控制系统硬件仿真平台的研究[J]. 计算机工程与应用, 2008, 44(12):5-8.

[28] 钱谦, 裴以建, 余江. 基于OpenGL的关节型机器人实时控制与仿真系统的研究[J]. 云南大学学报(自然科学版), 2006, 28(5):398-403.

[29] 任秉银, 梁兆东, 孔民秀. 机械手空间圆弧位姿轨迹规划算法的实现[J]. 哈尔滨工业大学学报, 2012, 07:27-31.

[30] 余慎思, 吴家麒, 张旺灵, 等. 运动仿真互动平台控制方法[J]. 上海大学学报: 自然科学版, 2007, 13(3):263-268.

[31] 司洋. 考虑动力学特性的空间机械臂轨迹优化研究[D]. 北京邮电大学, 2014.

[32] 王丹. 采伐联合机伐木头的设计与研究[D]. 东北林业大学, 2006.

[33] 王菲. 基于虚拟现实的自走式农业机械试验方法研究[D]. 中国农业大学, 2014.

[34] 王剑. 城市道路动态交通流仿真的研究与实践[D]. 厦门大学, 2014.

[35] 王友才, 郭子龙, 相鑫海, 等. 基于Vega Prime的凿岩台车仿真模拟训练系统设计[J]. 系统仿真学报, 2015, 27(08):1774-1781.

[36] 吴志达. 一个基于Unity3D游戏引擎的体感游戏研究与实现[D]. 中山大学, 2012.

[37] 肖霄. 基于 Unity3D 游戏引擎的休闲类手游设计与实现[D]. 华中科技大学, 2014.

[38] 谢宗武, 孙奎, 魏然, 等. 空间机器人半实物仿真系统的研究[J]. 系统仿真学报, 2009, 21 (11):3277-3287.

[39] http://www.forestry.gov.cn/中国林草"十三五"成绩单[OL]

[40] 徐志恒, 颜令辉. 基于知识可视化的风力发电仿真系统的实现[J]. 国网技术学院学报, 2015, 18 (6):29-31.

[41] 杨壹斌, 李敏, 解鸿文. 基于 Unity3D 的桌面式虚拟维修训练系统[J]. 计算机应用, 2016, 36 (a02):125-128.

[42] 姚鹏飞, 陈正鸣, 童晶, 等. 基于 Unity3D 的绞吸式挖泥船虚拟仿真系统[J]. 系统仿真学报, 2016, 28 (09):2069-2075+2084.

[43] 于天驰. 大功率拖拉机虚拟驾驶培训系统的设计[D]. 黑龙江八一农垦大学, 2016.

[44] 苑严伟, 张小超, 吴才聪, 等. 农业机械虚拟试验交互控制[J].农业机械学报, 2011, 42 (08):149-153.

[45] 臧宇, 朱忠祥, 宋正河, 等. 农业装备虚拟试验系统平台的建立[J]. 农业机械学报, 2010, 41 (09):70-74+127.

[46] 曾林森. 基于 Unity3D 的跨平台虚拟驾驶视景仿真研究[D]. 中南大学, 2013.

[47] 曾勇. 基于 Unity3D 的挖掘机模拟训练系统研究[D]. 长安大学, 2013.

[48] 张红彦, 于长志, 赵丁选, 等. 基于虚拟现实的液压挖掘机视景仿真[J]. 华中科技大学学报（自然科学版）, 2013, 41 (03):87-91.

[49] 张谋权. 基于 Unity3D 的综合航电模拟训练软件设计与实现[D]. 南昌航空大学, 2017.

[50] 赵红艳, 刘晋浩. 伐木机视景仿真系统探讨[J]. 湖北农业科学, 2009, 48 (09):2255-2259.

[51] 赵文锐, 刘晋浩. 伐木联合机的现状及发展[J]. 林业机械与木工设备, 2008, 36 (11):10-12.

[52] 赵新方. 三角网格剖切算法的研究[D]. 华中科技大学, 2006.

[53] 钟登华, 张元坤, 吴斌平, 等. 基于实时监控的碾压混凝土坝仓面施工仿真可视化分析[J]. 河海大学学报（自然科学版）, 2016, 44 (5):377-385.

[54] 周勇. 基于 CANbus 的模糊温度控制网络的研究与应用[D]. 西安电子科技大学, 2007.

[55] 朱经纬. 三维数据场的三维重建与模型的虚拟切割研究[D]. 华中科技大学，2007.

[56] 朱小晶，权龙，王新中，等. 大型液压挖掘机工作特性联合仿真研究[J]. 农业机械学报，2011，42（04）:27-32.

[57] 庄燕滨. 多媒体技术及应用教程[M]. 北京：电子工业出版社，2004.

[58] 祖莉. 智能割草机器人全区域覆盖运行的控制和动力学特性研究[D]. 南京理工大学，2005.

[59] JUTILA J，KANNAS K，VISALA A. Tree measurement in forest by 2D laser scanning[C]. //Proceedings of the 2007 IEEE International Symposium on Computational Intelligence in Robotics and Automation，2007: 491-496.

[60] FLETCHER R，REEVES C M. Function minimization by conjugate gradients[J]. Computer Journal，1964，7（2）：149-154.

[61] FREDRIC M H，IVICA K. Principles of Neurocomputing for Science and Engineering[M]. New York: McGraw-Hill，2000.

[62] http://www.deere.com/en_US/cfd/forestry[OL].

[63] http://www.ponsse.com/english/products/Opti/forest_machines/harvesters.php[OL].

[64] http://www.tigercat.com/en/forestry/wheel-harvesters.html[OL].

[65] http://www.komatsuforest.com/default.aspx?id=1475[OL].

[66] HERA P L，METTIN U，MANCHESTER I R，et al. Identification and control of a hydraulic forestry crane[C]. //Proceedings of the 17th IFAC World Congress，2008.

[67] WESTERBERG S，MANCHESTER I R，METTIN U，et al. Virtual environment teleoperation of a hydraulic forestry crane[C]. //IEEE International Conference on Robotics and Automation，2008.

[68] METTIN U，WESTERBERG S，SHIRIAEV A S，et al. Analysis of human-operated motions and trajectory replanning for kinematically redundant manipulators[C]. //IEEE International Conference on Intelligent Robots and Systems，2009.

[69] METTIN U，HERA P，MORALES D O，et al. Path-constrained trajectory planning and time-independent motion control: Application to a Forestry Crane[C]. //The 14th International Conference on Advanced Robotics，2009.

[70] ZHENG Y，LIU J，WANG D，et al. Laser scanning measurements on trees for logging harvesting operations[J]. Sensors，2012，12（7）：9273-9285.

[71] KELBE D，ROMANCZYK P，AARDT J V，et al. Automatic extraction of tree

stem models from single terrestrial lidar scans in structurally heterogeneous forest environments[C]. // SilviLaser. 2012.

[72] JUTILA J, KANNAS K, VISALA A. In Tree measurement in forest by 2D laser scanning[C]. //IEEE International Symposium on Computational Intelligence in Robotics and Automation, 2007.

[73] MICHAEL T, PFEIFER N, WINTERHALDER D, et al. Three-dimensional reconstruction of stems for assessment of taper, sweep and lean based on laser scanning of standing trees[J]. Scandinavian Journal of Forest Research, 2004, 19:571-581.

[74] LIANG X, LITKEY P, HYYPPA J, et al. Automatic stem mapping using Single-Scan terrestrial laser scanning[J]. IEEE Transactions on Geoscience & Remote Sensing, 2012, 50(2):661-670.

[75] MORALES D O, WESTERBERG S, LA HERA P X, et al. Increasing the level of automation in the forestry logging process with crane trajectory planning and control[J]. Journal of Field Robotics, 2014, 31(3):343-363.

[76] KOVANEN J, HANDROOS H. Adaptive open-loop control method for a hydraulically driven flexible manipulator[C]. //IEEE/ASME International Conference on Advanced Intelligent Mechatronics, 2001.

[77] DENAVIT J. A kinematic notation for lower-pair mechanisms based on matrices[J]. Trans of the ASME Journal of Applied Mechanics. 1955, 22: 215-221.

[78] CRAIG J J. Introduction to robotics: mechanics and control [M]. Pearson Education, Inc, 1986.

[79] BAILLIEUL J. Kinematic programming alternatives for redundant manipulators[C]. //IEEE International Conference on Robotics and Automation, 1985.

[80] ZHENG Y, LIU J. Kinematics modeling and control simulation for a logging harvester in virtual environments[J]. Advances in Mechanical Engineering, 2015, 10.

[81] ZHENG Y, LIU J. An Optimal kinematics calculation method for a multi-DOF manipulator[J]. PRZEGLAD ELEKTROTECHNICZNY, 2012, 88(7B): 320-323.

[82] ABULRUB A H G, BUDABUSS K, MAYER P, et al. The 3D immersive virtual reality technology use for spatial planning and public acceptance[J]. Procedia-Social and Behavioral Sciences, 2013, 75(75):328-337.

[83] ANTONIETTI A, CANTOIA M. To see a painting versus to walk in a painting: an experiment on sense-making through virtual reality[J]. Computers & Education,

2000，34（3-4）:213-223.

[84] BOWMAN，ADRIAN. Teaching by design[J]. Teaching Statistics，2007，16（1）：2-4.

[85] BURDEA G C，COIFFET P. Virtual reality technology[M]. John Wiley & Sons，Inc. 2003.

[86] CRUZ-NEIRA C. Surround-screen projection-based virtual reality[J]. Design & Implementation of the Cave，1993:135-142.

[87] FU G，CHEN Y，LIU J，et al. Interactive expressive 3D caricatures design[C]. // IEEE International Conference on Multimedia and Expo，2008.

[88] GETCHELL，KRISTOFFER M. Enabling exploratory learning through virtual fieldwork[D]. University of St Andrews，2010.

[89] GUO W Z，HAO L J，YING Y，et al. Notice of retraction modeling and parameter optimization for an articulating electro hydraulic forest machinery[C]. //Second International Conference on Computer Modeling and Simulation，2010.

[90] MENDÍVIL E G，FLORES P G R，GUTIÉRREZ J M，et al. Improving the skills and knowledge of future designers in the field of ecodesign using virtual reality technologies[J]. Procedia Computer Science，2015，75:348-358.

[91] NI T，ZHAO D，NI S. Visual system design for excavator simulator with deformable terrain[C]. //International Conference on Mechatronics and Automation. 2009.

[92] OVASKAINEN H. Comparison of harvester work in forest and simulator environments[J]. Silva fennica，2005，39（1）：89-101.

[93] HERA P L，METTIN U，MANCHESTER I，et al. Identification and control of a hydraulic forestry crane[C]. //Proceedings of the 17th IFAC World Congress，2008.

[94] PANDILOV Z，MILECKI A，NOWAK A，et al. Virtual modelling and simulation of a CNC machine feed drive system[J]. Annals of the Faculty of Engineering Hunedoara - International J，2015.

[95] TURKIYYAH G M，KARAM W B，AJAMI Z，et al. Mesh cutting during real-time physical simulation[J]. Computer-Aided Design，2011，43（7）：809-819.

[96] PARK Y，SHIRIAEV A，WESTERBERG S，et al. 3D log recognition and pose estimation for robotic forestry machine[C]. //IEEE International Conference on Robotics and Automation （ICRA），2011.